成长也是一种美好

家庭心理健康手册

Family PsyChobook

壹心理 著

人民邮电出版社
北京

图书在版编目（CIP）数据

家庭心理健康手册 / 壹心理著. -- 北京 : 人民邮电出版社, 2023.1
ISBN 978-7-115-60017-2

Ⅰ. ①家… Ⅱ. ①壹… Ⅲ. ①情绪一自我控制 Ⅳ. ①B842.6

中国版本图书馆CIP数据核字(2022)第165166号

◆ 著　壹心理
责任编辑　张渝涓
责任印制　周昇亮
◆人民邮电出版社出版发行　　北京市丰台区成寿寺路 11 号
邮编 100164　电子邮件 315@ptpress.com.cn
网址 https://www.ptpress.com.cn
河北京平诚乾印刷有限公司印刷
◆开本：880×1230　1/32
印张：7.75　　2023 年 1 月第 1 版
字数：200 千字　　2023 年 1 月河北第 1 次印刷

定　价：68.80 元

读者服务热线：（010） 81055522　印装质量热线：（010） 81055316
反盗版热线：（010） 81055315
广告经营许可证：京东市监广登字20170147号

赞　誉

（按姓氏音序排序）

壹心理编写的这本《家庭心理健康手册》源于其之前编写的《心理急救手册》，我曾经参与《心理急救手册》的专业审核工作。个人觉得这本书覆盖了人生多个阶段可能遇到的心理困扰，在参考相关主题文献基础上整理出来的应对建议也更专业，具有更强的科学性和实效性。“世界和我爱着你”，希望所有身处迷茫的朋友都能够找到支持，点亮心灯，继续前行。

黄喜珊

心理学博士

华南师范大学心理学院教授

硕士生导师

身为高校教师，我能感受到学生的学业压力、情感困扰、生涯迷茫，他们也经常问我："有什么书可以看呢？"

作为家庭治疗师，我见过被霸凌的小学生、有网瘾的中学生、为青春期孩子头疼的年轻父母、成年子女与其"绝交"的中年父母、孤独的退休空巢老人。无论年龄大小、人生经验多少，他们也在问："有什么书可以看呢？"

壹心理编写的这本《家庭心理健康手册》就是大家可以看的书，这本书跨越儿童期、青春期、成年期，直至老年期。希望它能成为你终生的陪伴和支持，帮你走过各个时期的迷茫与焦虑。

蔺秀云

青年长江学者

北京师范大学教授

博士生导师

有人问我，心理学到底是一门怎样的学科。我会告诉他，心理学是一门助人助己的学科，是一门帮我们找到幸福的学科。现在人们的生活节奏越来越快，生活和工作的压力越来越大，我们该如何获得幸福呢？很多人面对种种压力时，往往无所适从，不知该如何解决。在这本书里，来自国内高校的心理学工作者会从自己的理论和实践出发，给出干货满满且经过科学检验的解决方案，可以帮助大家重获幸福。

张昕

北京大学心理与认知科学学院副教授

博士生导师

联合策划：李可 沈楚娇 殷锦绣

推荐序 | REFERENCE

作为一个非心理学专业出身的执业者，我们需要掌握哪些心理常识？

珍妮（Jenny）是我的女性朋友中较为出色的。她是一家女性平台的联合创始人。Jenny 独立敢闯，雷厉风行，她将上百人的团队管理得井井有条，并深受小伙伴喜爱，大家都亲切地喊她 Jenny 姐。不仅如此，Jenny 还频繁出现在镜头前，在一些电视节目和网络平台做直播，与大众分享她的人生体验。可以这么说，Jenny 的生活是很多人努力追求的范本。

但是，即使是在职场上精明强干的 Jenny，在孩子的事情上也依然会束手无策。在 Jenny 的儿子读幼儿园中班时，某天中午，老师给她打电话，告诉她，她儿子在学校被其他几个孩子欺负了，她的儿子情绪很不好，让她来学校先把孩子接回去。事情发生后，Jenny 说自己脑袋一直是蒙的。面对一个在房间里一言不发、完全关闭了沟通渠道的孩子，她束手无策。该怎么安慰孩子？该怎么和幼儿园的老师沟通？该怎么对待欺负她儿子的学生的家长？这些都是问题！

赖老师是我中学时代最喜欢的老师，没有之一。在我为赋新词强说愁的年纪，她给了我很多支持和指引。

有一天，我接到赖老师的电话，她说她在广州住院了，一个人。赖老师人缘向来很好，在广州的亲戚和学生也挺多的，为什么病床前没人看望和照顾？真奇怪！我那时候有点心急，匆忙准备了一些水果便去看她。

到了医院才知道，赖老师前几年援藏支教，身体似乎习惯了藏区的气候，回到广东反而有点不适应。她在洗澡时晕倒了，似乎是有心血管方面的问题，当地医生建议她来广州住院检查和治疗。在病房里，我忍不住好奇地问赖老师，为什么没人看望和照顾她？赖老师说："一来大家都挺忙的，我觉得自己身体也没什么大碍，就不想影响大家工作；二来大家来看我肯定也会担心着急，我还得反过来安慰大家。我自己想安静安静，就没怎么和大家说住院的事情。"

赖老师的答案让我突然意识到，大多数人其实不知道怎么去安慰病人，所以在病床前常常有个奇怪的现象：病人反过来安慰亲朋好友。甚至我们常常会忽略对方的感受，"自以为是"地去安慰他人，于是效果适得其反，甚至让彼此疏离。这的确也是问题！

那么，看望病人时，我们到底该说些什么呢？

在我们成长的路上，总会遇到形形色色的问题：学习动力、容貌焦虑、被孤立、恋爱、分手、结婚、离婚、职业倦怠……对于其中的大多数问题，我们都不知道应该用什么方法去应对。

在过去的一段时间里，我总是在思考，在现实生活中，当我们遇到溺水、触电、受伤、感冒等突发情况时，总会有一些急救方法，对这些方法我们都谙熟于心；可是当内心世界遇到种种问题时，我们却缺乏处理的方法和路径。于是，壹心理团队开始编写《心理急救手册》，也就是《家庭心理健康手册》一书的前身。当时壹心理团队花费近一年的时间，对稿件反复修改了一百多次，查阅中外文献近千篇，由心理学院系专家团队审核提出了上百条修改意见，力争在每个小问题面前做你专业高效的“救心丸”和“挡箭牌”。后来，为求完善，我们又陆续在书中加入了与老人和孩子有关的内容，希望本书能够覆盖更多群体。一方面，这本书能为我们扫清人际、压力、情绪等诸多方面的问题；另一方面，这本书以时间为线索，纵贯我们的一生。希望这本书像一个心理小药箱一样，被摆在每个家庭的书架上。

这本书并不会让你成为心理学专家，但是可以帮助你了解一些我们在生活中可能会遇到的心理事件，了解我们的内心到底发生了什么，了解我们所处的状态和要面对的问题，以及帮我们走出困境的方法和路径。

我们希望，每个学校、每个家里都有这本书，它是我们面对内心困境的依仗。

作为一个非心理学专业出身的执业者，我们需要掌握哪些心理常识？本书中有大家想要的答案。同样，有一天，如果有人问你，面对具体的事件该如何帮助自己、帮助身边的人，请放心地把这本书推荐给他。

壹心理创始人　黄伟强

2022 年 10 月 10 日于广州

目录 CONTENTS

第 1 部分

儿童青少年期

高压状态：学习或其他压力太大

黎樱

一大堆作业没写完，快考试了没时间复习，“压力山大”，怎么办？学业问题一个接着一个，解决不完，感觉快要崩溃了。熬夜通宵赶作业，提交的作业还是被痛批，好累、好绝望……

除了安慰自己“好好努力，一切都会过去”，也许下面的心理学知识，可以帮你更快地从压力中解脱。

高压状态带来的变化

很多时候我们会因为在学习中太投入，而忽略长时间伏案后的腰酸背痛、长时间精神紧绷后的精神疲惫等感受。

“我好累”这句话，其实是对长期处于高压状态造成的情绪、行为和身体上的不适的有力总结。长期处于高压状态时，我们可能会出现以下反应。

不想继续学习

当压力很大时，我们可能会产生焦虑、愤怒、抑郁、失望等负面情绪，并且失去继续努力的动力，萌生不想继续学习的想法。同时，我们还可能降低对班集体的承诺感，不想为了学业付出，甚至想离开学校。

学习的效率下降

面对很大的学习压力时，我们会在行为方面产生很多不良反应。

这些压力就像我们与学习之间的裂痕，压力越大，裂痕也就越大，我们就越难拥抱学习，效率也会大幅度下降，出现拒绝上学等行为。

身体感到不适

如果我们常常带着很大的压力熬夜赶作业、写论文，一段时间后，我们会感受到压力带来的各种生理上的不适，如严重的头疼、头晕、疲劳、炎症等。

学习的氛围变质

过大的学习压力不仅会为个人带来不良影响，也会为班级的团队发展带来不良影响。

环境中弥漫的压力会让人们更容易犯错，让集体的士气更低下。高压会使人与人之间的关系更容易变得紧张，甚至使人们更倾向于敌对。

或许你认为以下方式可以减轻学习的压力，但这些认知是错误的。

第一，在空余时间学习可以减小压力。

当我们全身心投入学习时，会消耗很多心理资源。而在学习之余进行一些课外活动、健身运动等，能有效补充我们的心理资源，降低我们的压力感。

所以当你完成学习计划后，就别再对学习心心念念了，找个合适的方法给自己减减压。简而言之，就是“努力学习，快乐玩耍（study hard，play hard）”。

第二，压力就是动力，动力越大、效率越高。

这句话其实只说对了一半，压力在合理的范围内时，确实能够提高效率。但正如彼得·尼克森（Peter Nixen）的人类绩效曲线（见图 1-1）所揭示的，工作压力与绩效之间呈现倒 U 形曲线关系。这也能为学习效率的提升带来一些启示。

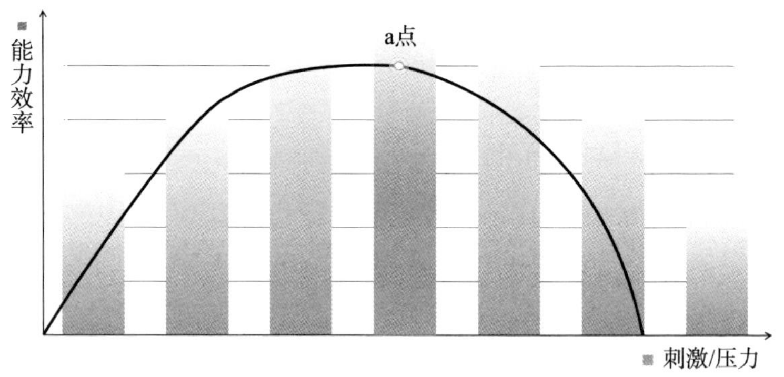

图 1-1　人类绩效曲线

压力超过一定范围时，反而会降低我们的效率（彭聃龄，2012）。

我们可以做些什么

或许你也曾陷入上面所说的认知错误，并在高压中苦苦挣扎。如果是这样，你可以试一试以下这些科学方法，它们能给你更多的帮助。

直面问题和挑战

我们如果认为某个问题是可以掌控的，会更倾向于用直面问题的方式解决它，这个时候最需要做的就是“不拖延，行动起来”，通过改变自己的行为或环境缓解压力。

例如，我们刚知道某个学习任务需要这周完成时，可能会很快产生压力，但当我们知道这件事自己力所能及时，就会产生直面问题的想法，我们可以快速把任务拆分成几个小步骤，安排好每个步骤和对应的时间节点，从第一个步骤入手执行下去，以此缓解压力。但要注意的是，直面问题和挑战的方法在短时间内确实能够有效地提高学习效率，但如果长期使用，这一方法的效果会被削弱。

调节压力带来的负面情绪

当我们认为自己无法掌控某个问题时，我们的情绪就会起主导作用。此时，暂停下来，主动调节情绪，或许更有利于削弱压力带来的负面影响。

例如，我们可以和三两好友谈天说地，在蓝天白云下奔跑流汗或痛哭一场以发泄压力。这些方式都会帮助我们减轻压力、轻装上阵。

如果本方法能与上一个方法结合使用，效果会更好。例如，我们可以在发泄情绪后冷静思考，发现问题的可控之处，再直面问题，解决问题。

改变对压力和问题的看法

如何看待压力可能也会影响负面情绪的产生：如果将当下的压力转化成受挫感，负面情绪就会产生。

因此，当外界的问题让我们感到压力满满时，我们可以尝试找到这个问题比较积极的一面。

比如在学习中，老师布置的作业又多又难，我们可以认为这些作业是在锻炼自己的耐心和细心等。

向周围的人寻求支持

社会支持可以缓冲压力事件对身心状况的影响，减轻心理应激反应，让精神不那么紧张。

当我们哭泣时，家人给我们的依靠或朋友给我们的陪伴都是高质量的社会支持。

所以，面对压力事件时，我们不妨寻求朋友和家人的支持。朋友和家人的温暖拥抱和鼓励，还有轻轻拭去眼角泪水的指尖，都将成为我们对抗压力时最坚固的堡垒。

多尝试有氧运动

运动，尤其是有氧运动，如游泳、慢跑、跳舞等，可以降低我们的身体对压力的反应。我们面对同学间的摩擦、堆积如山的作业时产生的焦虑和抑郁都会在运动后大大减少。

对因压力过大而失眠的人而言，运动还能使他们睡得更香，感觉更棒。

学会放松下来

做瑜伽、发展业余爱好、听音乐等，都是帮助我们放松下来的好方法。

学会放松，让自己的心放松得像一团晒过暖暖阳光的棉花，哪怕压力直愣愣地冲向你，也丝毫伤害不了你。

如何帮助周围的人

若你是老师或家长，处于高压环境的学生需要你的一些正面有效、温暖的回馈。

具体而言，作为老师或家长，你应关心他们的切身利益。

这种利益不仅包括物质上的（奖学金），还包括精神上的，例如学生的身心健康等。

你的积极关心会让他们感受到温暖和尊重，让他们获得直接的社会支持，他们的压力感将会减轻。

同时，作为老师或家长，你还可以完善激励制度。

在学习压力较大的环境中，一个有效的激励能在一定程度上激发学生的热情与活力。值得注意的是，此时的激励不仅是物质上的奖励，还可以是非物质的表扬或公开展示成绩及才艺的机会等。

若你是朋友，请给他们充分的社会支持。

前文提到，社会支持可以缓冲压力事件对身心状况的影响，让精神的紧张得到放松。

时不时跟他们聊天，给他们鼓励和建设性的建议，在他们深感压力时听他们倾诉，你的支持就是他们压力较大时的一缕春风、一味良药。

如遇以下情况，请寻求专业帮助

① 感觉承受着过多的压力和责任。

② 感觉在处理事情时，心有余而力不足。

③ 感觉紧张。

④ 感觉过于忙碌而没有时间休息。

⑤ 感觉被各种责任束缚。

⑥ 感觉没有足够的时间去处理和完成一些事。

⑦ 感觉忙碌、奔波。

⑧ 感觉有太多的事情要做，但没有充足的时间。

⑨ 感觉有些事没能按照期望发展。

⑩ 感觉做有些事时没有前进的动力。

⑪ 感觉生活处于失控状态。

⑫ 感觉无能为力。

⑬ 感觉所有事情都不顺心。

⑭ 感觉有些事情超出了自己的能力范围。

⑮ 感觉有些事情是自己无法应对和处理的。

⑯ 感觉遇到事情就想放弃。

⑰ 感觉事情不断堆积，让人喘不过气。

⑱ 感觉事情非常糟糕。

⑲ 感觉背负着沉重的负担。

⑳ 经常思考“自己还能不顺到哪种地步”。

㉑ 感觉有非常多的心事。

㉒ 感觉压力极大，无处可逃。

最后我想说，学习几乎是每个人的人生中必须经过的旅途，在这段旅途中，压力或多或少都会与你相伴。

愿你在经历学习压力后，能有所收获。

容貌焦虑：我是丑小鸭

郭旭东

当看到镜子中的自己或者打开手机前置摄像头的时候，你的心底可能会出现这些声音：

我的皮肤有点粗糙了；

我的鼻梁如果再挺拔一点就更好了；

如果我眼睛大一些，就完美了；

我要是像 ××× 一样好看，我的人生可能就和现在不同了。

你可能不满意、不喜欢自己的容貌，你可能担心自己不够漂亮、得不到别人的认可，你可能担心别人会因为你的容貌对你有不好的评价，这种担心和焦虑是真实、普遍的，很多人都有过类似的想法。以下心理学知识可以帮助你理解容貌焦虑的产生原因和发展过程，找到缓解容貌焦虑的方案和认识积极自我的办法。

请相信，接纳自己的容貌，看到完整、积极的自己，也是一种真实的美丽。

为什么我们总觉得“自己不好看”

每个人都会在乎自己的容貌，但是当我们过度关注自己的容貌、总觉得自己不好看、让这种担心和焦虑影响日常生活和社交时，我们可能就产生了容貌焦虑。

在社会生活中，人的容貌经常会被他人打量和评价，这种随时随地对于容貌的观察和评价会使个体关注并在意自己的外表。对自己的外表是否符合审美标准感到忧虑，对外表可能受到负面评价形成预设，这会使个体处于担忧、烦恼、紧张、不安的情绪中，这种指向外表的社会评价性焦虑就是容貌焦虑（appearance anxiety）。

自我客体化是容貌焦虑的心理机制

自我客体化，就是个体从第三者视角来看待和评价自己的外表，并将自己当作一个基于外表被观看和评价的物品，是一种片面的自我认识。一般来说，自我客体化更容易发生在女性身上，社会习俗和媒体常常会传达这样一种观点：女为悦己者容，女性只有达到某些要求才是有价值的、有吸引力的。在这种影响下，女性也会习惯以第三者的视角来评价自己的外表，以媒体所宣传的理想美为目标进行外表监控，习惯性地否定自己的外表，形成自我客体化的思维方式。随着时代的发展，男性的身体也逐渐被关注和评价，越来越多的关于男性外表的社会评价标准，如“八块腹肌”，也开始对男性的自我认知产生影响，使一些男性也逐渐采用自我客体化的方式评价自己的外表。

自我客体化虽然会让人们对自己的外表做出一些改变，但是每个人的容貌在很大程度上受到遗传的影响，不可能完全符合社会理想标准。个体长期处于这种容貌比较和自我否认的状态下，会严重影响个体的自我认知。

社交媒体增强了容貌焦虑

容貌焦虑的很大一部分原因来自社交媒体的压力。目前，一些社交媒体有时更是在潜移默化地宣扬一种不符合客观实际的理想美标准，这些“严苛”的标准给每一个身体部位制定理想化参照，以极大的曝光量将个体卷入一场非必要的审美自省。人们在社交媒体上投入的时间越多，越容易被其影响并采用这套审美标准审视自己，从而对自己的外表产生不满、焦虑等负面情绪。

有些人更容易产生容貌焦虑

有些人更容易对自己的容貌产生负面评价，他们大多具有如下特点：神经质较高（容易紧张、情绪不稳定）的个体往往更加重视自己的外表，更有可能将自己与社会的理想美或更有魅力的人进行比较，也更容易对自己的容貌产生负面评价；开放性较低的个体可能对审美持更加保守的态度，更容易受到社会单一审美标准的影响，增加产生容貌焦虑的风险。

容貌焦虑带来的情绪变化

“我这样到底算不算好看”。产生容貌焦虑会加剧我们的焦虑程度，让我们格外在乎他人对自己的评价。如果我们不能确定面临的评价是正面的还是负面的，这种不确定性会加剧我们的焦虑程度，让我们进一步陷入担心、紧张、焦虑的情绪。

“我为什么这么丑”。容貌焦虑程度较高，会让我们不断地和社会理想美进行比较，进而陷入自我否定，让我们感到抑郁、难过、不喜欢自己。研究表明，高容貌焦虑的个体通常伴随更低的自尊水平、更高的自我排斥感和羞耻感。

“我做不到，我还是放弃吧”“我要赶紧逃离这里”。容貌焦虑还可能让我们对可能产生的负面评价感到害怕和恐惧。有研究发现，容貌焦虑程度高的个体更倾向于逃避社会交往并表现出更高的演讲焦虑，他们会更频繁地用逃避的方式保护自己。

我们可以做些什么

认识到美的标准是多样化的

一些流行的理想美标准并不是美的唯一正确答案，它只是众多答案的一部分。“白、幼、瘦”可能是部分人心中关于女性美的答案，但每个人都可以拥有自己关于女性美的答案。不要把对美的注意力只放在网络社交媒体和广告宣传上，你可以从现实生活中、从你钦佩的人身上寻找关于美的答案。

更客观地看待社交媒体的信息

根据媒介形象理论，媒体呈现的内容通常是有理想化偏向的。与之相同，人们在社交媒体上展示自我时，也会倾向于展示理想化的部分，并对自己的形象进行一定程度的美化。

有美国学者对网络媒体和现实生活中人们的体型分布做了对比，并发现两者间存在显著差异。在网络媒体上，女性体重的分布比例是，过轻占31%、正常占56%、偏胖占10%、肥胖仅占3%；而在现实生活中，女性体重分布比例则是，过轻占5%、正常占44%、偏胖占26%、肥胖占25%。这一对比在男性群体中同样差别明显。在网络媒体上，男性体重分布比例是，过轻占12%、正常占64%、偏胖占17%、肥胖仅占7%；而在现实生活中，男性体重分布比例则是，过轻占2%、正常占39%、偏胖占39%、肥胖占20%。统计显示，在网络媒体上，不论男女，整体体重都比现实要“轻”。因此，客观看待社交媒体的信息有助于缓解容貌焦虑。

接纳自己的容貌

我们可能都知道，社交媒体上呈现的照片很多都是“照骗”，但我们可能还是会责怪自己为什么没有别人好看；我们的理智都知道美的标准不唯一，但我们可能还是想更接近那个标准。所以要想真正缓解容貌焦虑，我们还需要真正地接纳自己的容貌。

接纳自己的容貌后，我们可以清楚和真实地感知自己的容貌状态，能够真实地看到自己容貌的优点和缺点，不会夸大缺点或无视优点；我们能够接纳自己的容貌，拒绝为容貌花费过量的金钱和时间；我们能够对自己的容貌感到舒适和自信。

塔拉·韦尔（Tara Well）提出的“镜子凝视”的办法可以帮助我们接纳自己的容貌，具体操作过程如下。

① 找一个安静的地方，让自己保持舒服的状态，面对镜子静默凝视 5~10 分钟。

② 在凝视过程中，我们唯一需要做的就是和镜子中的自己坐在一起。

③ 当我们感到紧张时，请闭上眼睛、放慢呼吸，将注意力放在身体感到紧张的地方，想象这种紧张会随着呼吸而缓慢消失。

④ 思考自己在镜子中看到了什么，这些东西是自己喜欢的还是批判的。

⑤ 观察自己的脑中是不是浮现出一些不喜欢自己或批判自己的想法，试着不去关注这些想法，也不强行让这些想法消失，只是看到这些想法，告诉这些想法“我看到你来了”，让这些想法悬浮在那里即可；再慢慢地将注意力转移至镜子中的自己。

这个方法可以帮助我们接纳自己的容貌。随着使用“镜子凝视”方法的次数增加，我们可能会承认这就是我自己，我们能够接纳自己的感受，能够看到自己脸上不完美的地方，但不会再去批判它。

体验不化妆、不在乎外表的感觉

尝试一两天不化妆、穿真正让自己感觉舒适的衣服。你可能会发现，即使只有这么几天，只要你没有紧随外界的审美标准而是忠于内心感受，就仍会感到更放松、更舒服一些。

问问朋友、家人的看法

我们可能会挑出自己在容貌上的许多缺点，可能觉得单眼皮显得眼睛太小，可能觉得发际线太高看着很丑。你可以问问朋友、家人，让他们形容一下你的样子，让他们来评价一下你的容貌。也许你会惊讶地发现，他们的观点和你对自己的看法截然不同，他们可能反而认为那些最困扰你的特征是可爱的。

更完整、积极地认识自我

我们每个人都听过这样的说法：“外表美不是全部的美，我们要学会看到人的内在美。”但是存在容貌焦虑的我们，由于自我客体化的思维方式，已经习惯将自己当作一个物品，不断地将自己和社会理想的标准相比，发现自我的不足，陷入自我否认的怪圈。这种比较和自我否定可能不仅局限于容貌，还会扩展到其他方面，如能力、个性品质等。

需要注意的是，这是一种片面的自我认识，它总让我们看到自己的不足，忽略自己闪光的地方。我们应该调整自我认识，更完整地认识自己，尝试从外表之外的角度认识自己，关注最让自己骄傲的能力、最让自己喜欢的个性、和他人的关系等，让我们对自己的认识和评价更多取决于我们的内在品质，而不是外表。

那么，如何完整、积极地认识自我呢？

积极心理学家马丁 · 塞利格曼通过积极自我介绍和品格优势量表（见表 1-1）帮助个体认识自我。

积极自我介绍的具体操作过程如下。

① 请以一种舒服的姿势坐在椅子上，双脚平放在地板上，双手放在大腿上，深呼吸 3 次。回忆一个你以积极的方式克服困难的时刻或情境。你不需要想出一个巨大、改变生活的事件，你可以想一件小事，让它唤起你最好的一面。

② 现在请睁开双眼，把它写成一个有清晰的开头、中间过程和积极结尾的故事。

③ 有些故事会帮助我们认识自己，请问这个故事是否影响你对自我的认识呢，请书面回答。

④ 请思考在这个故事中，是什么帮助你克服了当时的困难？请具体描述，如你的个人特质，包括坚持、乐观或信念；如你的人际关系，包括来自亲密朋友、亲人或同事的支持，同

样书面回答。

表 1-1 品格优势量表

请阅读以下 24 种积极品格优势的描述，选择最经常被用于描述你的 5 个特征，并在“显著优势”那一列的相应位置打“√”。

描述		显著优势
1	我善于想出新的更好的做事方法	
2	我喜欢探索事物、问问题，并乐于接受不同的经历和活动	
3	我性格开朗、思维灵活，在做决定之前，我会仔细考虑所有方面	
4	我喜欢自学或在学校学习新的想法、概念和事实	
5	朋友们会和我讨论重要的事情，因为他们认为我的智慧超越了我的年龄	
6	即使感到害怕，我也不会放弃面对困难或挑战	
7	即使分心我也能完成大部分事情，我能够重新集中精力完成任务	
8	我认为自己是一个真诚、诚实的人，值得信赖。我的行为符合我的价值观	
9	我精力充沛，性格开朗，充满活力	
10	表达和接受真诚的爱和感情对我来说很自然	
11	我喜欢为别人做一些善意的举动，而且不需要别人提出要求	
12	我在社交场合能很好地管理自己，并以良好的人际交往能力而闻名	
13	我是一个积极的社区或团队成员，我为团队的成功做出了贡献	
14	当别人受到不公平对待、欺负或嘲笑时，我为他们挺身而出	

（续表）

描述		显著优势
15	其他人知道我的领导力很强，所以经常选择我作为领导者	
16	我不对他人怀恨在心，我很容易宽恕冒犯我的人	
17	我不喜欢成为众人瞩目的焦点，更喜欢别人大放异彩	
18	我小心谨慎，我可以预测我的行为的贡献和问题，并做出相应的反应	
19	即使在富有挑战性的情况下，我也能控制自己的情绪和行为；我通常遵循规则和惯例	
20	自然之美、艺术之美（如绘画、音乐、戏剧）和生活中的许多领域之美都深深地打动了我	
21	我用言语和行动来表达对美好事物的感激之情	
22	我希望并相信好事比坏事多	
23	我很有趣，我能幽默地和别人交流	
24	我自愿参加精神实践（如深度思考等）	

请你的家人和朋友根据他们对你的观察，填写品格优势量表。

汇总三份品格优势量表，请和朋友、家人就以下问题对这份结果进行讨论。

① 你的显著优势在多大程度上反映了你的性格？你的显著优势是否足以让一个对你一无所知的人了解你的性格？

② 关于显著优势量表，你的观点与你的家人、朋友有显著差异吗，你们有哪些相同的答案？请解释一下。

③ 你的观点与家人、朋友的观点有显著差异吗，你是否发现自己对特定的人或特定的情况展现出特定的优势？请解释一下。

④ 回想迄今为止的生活，你的哪些优势一直存在，哪些优势是新出现的？

⑤ 你的各项优势如何协同工作，帮助你成为你自己？

如何帮助周围的人

告诉他容貌的优点

当他和你倾诉自己的容貌焦虑时，你不必尽力说服他。“你这个样子其实很好看”“你没有任何问题”，这样的回应可能会让你们陷入争论，他可能会寻找证据说明为什么他觉得自己不够好，这反而会强化他的自我否定。你可以告诉他“你眼睛很明亮、很好看”“你皮肤很好”或“你长得好可爱，笑起来很甜”，具体、有理有据、不夸张地告诉他其容貌的优点和你喜欢他容貌的地方，让他也能注意到自己容貌的优点。

给予他支持和陪伴

当他为容貌感到焦虑时，你也可以选择安静地倾听或拥抱他，或者仅仅是和他待在一起，让他感觉有人支持他、在乎他，这也是一种缓解容貌焦虑的办法。

帮助他改善容貌

“你底子很好，稍微打扮一下就很漂亮。”有些人的容貌焦虑可能确实是因为不会化妆打扮、不会搭配服装，或者没有合适的发型或装饰等。你可以帮助他进行适当改善，找到适合他气质的妆容、服饰、发型等，让他看到自己其实是很漂亮的。

帮助他重新认识自我

容貌焦虑是一种片面的自我认识，你可以陪他参加一些活动，让他从其他方面看到另一个自己，感受不一样的自己。你可以陪他参与他感兴趣或喜欢的活动，如制作手工艺品、做志愿服务、参加读书分享会或运动等。在转移注意力缓解焦虑的同时，这些活动也为他创造认识自我、发现自我的机会。

如遇以下情况，请寻求专业帮助

出现较长时间、较深程度的焦虑、羞耻、抑郁、厌恶

一个人有容貌焦虑是很正常的，照镜子时看到自己有痘痘会有点不开心或面试前担心自己的妆容还不够好看，都是正常的，这些容貌焦虑或不开心都是有原因的，持续时间也很短。但如果这些负面情绪总是存在，没有缘由地出现，每天持续 3 小时以上，我们就需要寻求专业的心理帮助了。

行为上：出现强迫行为、掩饰行为、逃避行为

（1）强迫行为

不停地照镜子检查自己的容貌是否合适，控制不住地和他人比较，频繁地化妆补妆，受到焦虑情绪的影响。我们可能知道这些事情是不必要的，但还是控制不住自己去做这些事情。

（2）掩饰行为

为掩饰某些自己不喜欢的地方，而穿着一些让自己不舒服的衣服，比如不管什么情况都戴着帽子、墨镜、口罩等，借此遮盖脸上的某些部位，避免被嘲笑。

（3）逃避行为

为避免可能出现的负面评价，而逃避社交场合，拒绝与他人交往。

这些行为虽然都是出于自我保护的目的，可以帮助自己缓解焦虑、避免受到负面评价，但是并不能真正起到缓解焦虑的作用，反而会导致更严重的容貌焦虑。

想法上：强迫性地担心自己的容貌问题

强迫性地担心自己的容貌问题，如担心自己不够好看，担心自己不被他人喜欢是因为不够漂亮，担心自己的生活和工作会因为容貌受到影响，等等。

即使我们在理智上知道这种担心是不必要的，这种担心也总会不受控制地出现在我们的脑海中。如果我们频繁地出现这

些想法，就需要寻求专业的心理援助了。

我们或许不能选择自己的容貌，但可以选择不活在别人的评价里，成为自己；我们或许不能决定社会关于美的标准，但可以制定属于自己的关于美的标准。

接纳自己的容貌，看到完整、积极的自己，也是一种真实的美丽。

上瘾：网瘾停不下来

郭旭东

不知不觉，我们可能会发现自己发生了一些变化。

晚上即使很困仍然一直刷短视频，即使觉得这样做不好，还是停不下来。

一有时间就要打开淘宝，明知自己什么都不需要但还是忍不住“买买买”。

每天都要打游戏，经常因为游戏耽误日常生活和工作。

或许我们曾强迫自己远离网络，却越来越焦虑；或许我们曾努力控制自己，却屡次失败，无能为力；或许我们总在事后责怪自己和下决心，但总是没有效果。很多人都有网瘾，以下心理学知识可以帮助人们理解网瘾、平衡自己与网络的关系。

为什么我们停不下来

很多人花费大量时间在网络上，以至于形成了网瘾。这对他们的心理、行为和生活都造成了负面影响，即使他们意识到过度使用网络的严重后果，却仍无法停下，反而不顾后果、近乎强迫性地陷入网络世界、无法自拔。

网络成瘾是一个统称，包括网络游戏成瘾、网络社交成瘾等。每个人网络成瘾的原因也不相同，可能是缓解现实生活的过大压力，可能是给无聊的现实生活增加点刺激，可能是与现实生活中的家人、朋友失去联结，需要去网络中寻找寄托。但无论是什么原因，网络成瘾都是在应对现实生活中的不舒适遭遇、不愉快感受的同时形成的。

网络成瘾受很多因素的影响。

环境因素的影响

家庭是影响个体网络成瘾的重要因素。消极的亲子关系可能会促使个体在网络中寻求心灵慰藉，进而网络成瘾。在家庭生活中，若父母对子女的要求总是过于严格或宽松，没有给子女提供温暖的支持，或者家庭生活尤其是父母婚姻的不和谐，都会增加个体网络成瘾的风险。对于青少年，学校和同学的影响也不容小视。不良的师生、同学关系甚至校园霸凌以及学生对学校的低归属感，都会让个体倾向于在网络上寻找归属感。

个人特质的影响

个人特质也会对网络成瘾产生重要影响。高焦虑的个体更容易网络成瘾。这是因为与现实环境相比，网络中的社会交往威胁更少且奖励更多，并且个体为了应付现实生活中的各种焦虑情绪，可能会通过网络来逃避和缓解负面情绪；高感觉寻求（热衷于追求刺激）也是预测网络成瘾的关键因素。网络的匿名性和宽松的规则为他们提供了理想的冒险环境；除此之外，低自尊、社交焦虑、孤独感也会对个体的网络成瘾产生影响。

重大生活压力事件的影响

生活中的压力是个体网络成瘾的诱因之一。家庭矛盾冲突、学业或工作成就不足、人际交往受阻等生活压力事件，会严重消耗个体的认知资源，致使个体通过网络寻求补偿和缓解。

网络成瘾带来的情绪变化

焦虑

如果手机或电脑不在身边或连不上网，网络成瘾的我们就会变得焦虑、难受、不安。例如，早上一睁眼就要拿出手机刷朋友圈和微博等；晚上睡觉前要将手机放在旁边才能安心睡觉。

抑郁、内疚

我们可能也知道过度沉迷网络是不合适、不健康的，也想过减少自己使用网络的时间，但是这种自我控制往往只能持续较短时间，最终可能还会让我们报复性地上网以补偿之前的自我控制。这时我们可能会感到抑郁，觉得自己什么也做不到，觉得自己毫无价值，觉得自己根本没有能力摆脱网络；我们可能也会感到内疚，觉得对不起家人、朋友和支持与帮助自己的人，觉得自己再次辜负了他们的付出和期待。

易怒

当亲人、朋友对我们的网络成瘾行为进行劝导或指责时，我们可能会比平时更容易感到烦躁、生气，更控制不好自己的情绪。

我们可以做些什么

网络是一把双刃剑，所以摆脱网络成瘾并不需要完全与网络隔绝，而是要让自己能够控制自己使用网络的时间。

尝试让自己和焦虑共处

面临压力事件时，我们的第一反应可能是逃开，想拖延一会儿，过一段时间再面对这些压力和焦虑。例如，面对一项艰巨的工作，我们的第一反应可能不是看看怎么做，而是想看一会儿短视频，过一会儿再来看看这个工作该怎么做。

现在，我们可以试试另一种应对方式，在面对这些压力和焦虑时，在逃向网络世界前，我们可以试试感受这些压力和焦虑，承认我们的痛苦，让自己和这些焦虑、痛苦待一会儿。这很难做到也很难忍受，但这是改变的第一步。

真实地面对这些焦虑、痛苦，直面这些压力事件，可以让我们感受自己内心的力量，增强自己的控制感和信心，促进未来的改变。当我们要求自己真实地面对生活的消极经历时，我们也更能真实地感受生活积极的一面，接纳生活的复杂性和自己的完整性，从心里撕掉自己网络成瘾的标签，告诉自己“我只是因巨大的现实压力在网络上休整一下，仅此而已”。

注意！与焦虑共处确实是一件很难做到的事情，一开始我们可能需要推自己一下，但如果真的太焦虑了，暂时在网络上寻求慰藉也完全是可以接受的，只是我们要记得不要把时间过度地花费在网络上。

改变行为习惯

网络之所以能够让我们成瘾，是因为它能让我们在面对焦虑和痛苦时暂且避开那些糟糕的感受。网络上的各种短视频、游戏等即时刺激，可以让我们在短期内感到愉悦和满足。它本来是有积极作用的，但是如果我们面对生活中的焦虑、痛苦时将网络这一快捷方式视为唯一的解决办法，我们就会逐步远离现实生活，失去其他缓解负面情绪的办法，失去与他人联结的机会。我们可能会感受不到家人、朋友的爱，也可能会无法表达对他们的爱。

要想摆脱网络成瘾，我们可以改变自己的行为习惯，到网络之外寻找缓解我们焦虑、痛苦的办法。我们可以减少每天用于上网的时间，寻找生活中其他能够给我们带来快乐的事情，它可能是运动、读书、烹饪、做手工或做曾经喜欢的事情，也可能是和家人或朋友散步、聊天、参加集体活动。可能一开始做这些事情带来的快乐无法和上网相比，但请相信，当你投入越来越多的时间在这些活动上时，你就越能感受到更长期、更能满足自我的快乐与幸福。

我们如何一点点地改变行为习惯？

（1）选择一些具有替代性的小事情

我们可以选择写日记、散步等自己喜欢的方式逐步代替网络并成为缓解我们焦虑的方法。我们最好选择从简单的小事开始，这个事情不需要花费太多时间，也不需要投入太多精力，最重要的是能够坚持，形成一个习惯。

（2）和至少一位家人或朋友保持联系

与网上短期、快速的社交相比，现实生活中与家人、朋友长期、稳定的关系更有助于提升幸福感。我们可以尝试和一个能让你在相处时感到放松、舒适的家人或朋友保持联系，一起聊天、散步、出游等。感受真实的关系带给我们的被爱的感觉，提高我们的归属感。

（3）学会关心自己

网络成瘾后，我们有时候对自己的态度可能是极端的，有时候我们会自我放弃，彻底放弃对自我的控制，让自己随心所欲；有时候又会严格要求自己，一旦违反心中的规定要求，就立刻将自己批评得一无是处。或许我们可以试着和自己友好相处，告诉自己“我只是暂时遭遇了这些问题，我会一点点变好，我需要一点时间”。

我们可以通过健康的饮食、睡眠关照自己，在自己做得好的时候给自己一些小奖励，不要采用伤害自我的方式过度惩罚自己。总之，在采用严格的规定改变自己的行为习惯的同时，不要忘记用宽容的态度关心自己，用温和而坚定的方式帮助自己做出改变。

（4）使用网络前思考上网的目的

有时候我们会无意识地打开网络，这其实没有任何目的，只是一种缓解焦虑情绪的方式。但是无意识地打开网络后，我们可能会漫无目的地浏览网页、刷短视频，直到某个时刻突然惊醒，责怪自己怎么不小心玩了这么长时间。要想解决这个问题，我们可以在进入网络前问问自己，“为什么要打开手机或电脑”。这个问题可以结束我们无意识上网的举动，也可以给自己一个明确的上网目的，增加对自己的控制感。当我们告诉自己上网的目的是什么后，我们还可以追问自己，“你觉得达到这个目的需要多长时间”。这个问题可以提醒我们限制自己的上网时长，并且进一步提升自我控制感。

尝试享受现实生活

有些时候，我们沉迷网络是因为忽略了现实生活中的美好，这时可以通过以下方法尝试享受现实生活中的快乐。

（1）表达感谢

例如，当吃到家人做的美味晚餐时，告诉家人你对他的感谢，比如说“谢谢你做的饭，我很喜欢”；当受到朋友的帮助时，告诉朋友感谢他们的帮忙，告诉他们你很珍惜你们这段关系。

（2）体验放松

充分体验身体上的舒适和感官上的享受。例如，在吃饭或看电影时尽可能集中注意力，只做这一件事情，充分感受食物或电影带给自己的感觉，用视觉、听觉、味觉、触觉、嗅觉充分享受这件事情，而不是找出其中不好的部分。

（3）表达赞美

例如，当朋友和我们分享某个成就或美丽风景时，我们可以表达自己的惊讶、好奇或赞美，了解更多内容或更多风景；当我们自己取得某项成就时，我们也可以毫无保留地赞美自己，与他人分享，留存与这件事有关的记忆（通过照片或纪念品等）。

尝试参加网络成瘾互助小组

这是一种没有专业人员带领、完全由想戒除网瘾的人自发组织的团体。在团体中，你可以看到其他有网络成瘾困扰的人有哪些烦恼，他们是如何成瘾的，他们又是怎么走出来的，团体成员会互相支持和提建议，帮助彼此走出网络成瘾。在团体中，你会感受到自己不是一个人，会更有归属感，也能对摆脱网络成瘾更有信心，更能保持一个乐观的心态，更能收获其他人提供的切实可行的建议。团体内的互帮互助还能让你感受到自我的价值和被人需要的感觉，这些都对走出网络成瘾有很大帮助。

如何帮助周围的人

给予他理解和支持

很多人之所以有网络成瘾，是因为在现实生活中没有足够的社会支持，只能去网络上寻求理解和安慰。所以，让他感受到安全、被爱，帮助他与人建立联结，是使他摆脱网络成瘾的最有效途径。

（1）不要过分指责

很多人会认为网络成瘾是意志力差的表现，是自作自受，认为有网瘾的人是没有能力的。但其实，一个人网络成瘾后，会形成某种习惯和应对方式，要改变它们是非常困难的事情。这时，指责会带给他更多困扰，让他感到内疚、羞耻，反而会促使他的网络成瘾程度加剧。

（2）给予他支持和陪伴

我们可以给予他能够感受到安全和被爱的家庭氛围、人际关系，可以在他需要找个人说话时认真地倾听，并表达你对他的理解和支持；可以和他一起出去运动，一起参加户外活动，一起做一些他曾经感兴趣或擅长的事情，让他在感受到支持和陪伴的同时，帮助他远离网络，用行动告诉他，除了网络他还有很多可以缓解焦虑和压力的方式。

帮助他完成戒除网瘾的计划

我们可以和他共同商议上网的需求、所花费的时间，讨论实现这一需求是否只有上网这一种途径，是否有其他替代途径；讨论上网的时长、频次，将讨论后得出的结果列入时间管理计划，监督他执行这一计划。请注意，计划的制订应以他的需求为主，并且参考他的实际情况，切勿制订要求过高的计划，最好保证计划每次都可以完成；要严格执行计划，适当鼓励，拒绝过度惩罚。

帮助他解决一些现实问题

网络成瘾的部分原因是对现实生活感到不满或无奈，所以我们可以和他讨论现实生活中有哪些让他感到不满的地方，有哪些想解决却无法解决的现实问题，和他商量如何解决这些现实问题，在他有需要的时候提供适当的帮助。但请注意，我们不要替他解决问题，而要协助他解决问题或提供解决问题所需的资源、建议等，帮助他在解决问题的过程中提高自尊，获得自我控制感。

如遇以下情况，请寻求专业帮助

① 持续、反复地使用网络，因此感受到明显的痛苦或给个人带来明显的伤害。

② 停止上网后，表现出异常的烦躁、焦虑，极度渴望再次上网。

③ 每次上网所花费的时间越来越长，所获得的满足感越来越少，并且这种上网行为已经严重损害个人的日常生活、工作和人际交往。

④ 反复多次地控制自己上网的时长和频次，但屡次失败，表现出无助、抑郁、内疚、羞耻等情绪。

⑤ 除了上网，对先前的爱好、其他娱乐、人际交往等失去兴趣，只能从网络中获得乐趣。

沉迷网络是一种不恰当的保护自己的方式。一方面，它能帮助我们远离令人失望的现实，帮助我们逃避现实的压力，缓解我们的焦虑，让我们在短期内感受到快乐；另一方面，它也有很多副作用，它让我们习惯性地逃避，减少了我们改变现实的机会，最终让我们陷入更深的痛苦。

但这并不完全是我们的错。

或许曾经的自己不够强大，需要网络来保护自己，但请相信，人是会改变的、会成长的，是有力量面对真实的痛苦的；也请相信，我们不孤单，我们可以和家人、朋友站在一起，也可以寻找心理咨询师或自助团体，感受他们的支持和温暖，他们可以给我们足够的勇气面对现实，希望我们都能找到真实的幸福。

父母离婚：父母分开时，孩子该充当什么角色

郭旭东

或许是因为长久的家庭矛盾，或许是因为对彼此不合适的相互确认，父母最终选择了离婚。

这时孩子可能会无法接受眼前发生的事情；可能会对父母或其他亲人感到愤怒，对他们为什么会做出这样的事情感到困惑；可能会感到内疚、担心、恐慌，不知道接下来该怎么办。

很多有此经历的孩子都会有这样的想法，所以如果你遇到这样的事，请相信你自己是有力量面对这些痛苦的。以下的心理学知识也可以帮助你了解自己的状态、找到解决的方案。

请相信，当前的痛苦终究会过去，希望和成长终会到来。

父母离婚会使孩子产生哪些变化

父母离婚，意味着家庭的变化。不同的家庭和父母会对孩子产生不同的影响。

父母离婚带来的机遇

厦门大学兼职教授、博士生导师叶文振通过调查发现，“父母离婚虽然会对孩子的学业、心理发展、社会适应造成一定影响，但这种影响并不像社会形容得那么严重，反而会促进孩子在家庭变化的经历中成长成熟。研究发现，经历了父母离婚的孩子与其他孩子相比，他们的自理能力更强、更懂得关心父母、更能适应环境并更富有同情心”。也有学者发现，生活在离异家庭中的孩子更具有自立意识，有较强的责任心、开放性、协调能力和理性思维。

离婚有时是为了规避风险、及时止损。虽然家庭结构动荡、家庭成员关系紧张带给子女更多的是风险，而非保护，但也有大量研究表明，离婚家庭中子女的心理健康水平与普通家庭中的并无明显差异。

离婚导致社会关系与资源的更新，会迫使家庭成员对原有的生活习惯、人际关系做出调整，环境与个人的共同变化为新家庭带来更多的可能性和多样性。

离婚可能促进家庭成员积极地反思与成长。恰当的反思可以帮助个体从失败的婚姻中总结经验，可以使其更谨慎、合理地处理自己的亲密关系，也有利于发展自我认知，使其更关注自我成长。

真正对孩子产生影响的不是父母离婚这件事，而是孩子如何看待、理解这件事情，以及孩子之后与自己、与父母、与其他家人的关系。

父母离婚带来的伤害

《离异家庭子女心理》一书中指出，生活在离婚家庭中的孩子不容易拥有良好的人际关系；容易出现自我认同困境；情绪稳定性较低，容易感受到孤独、焦虑；自尊较低；自我控制能力较差，容易出现偏激行为；部分生活在离婚家庭中的孩子会出现强迫性行为。

父母离婚究竟会带来怎样的影响，主要取决于父母的特点和家庭的特征。

越来越多的研究表明，父母离婚只是一个导火索，真正对孩子造成影响的，是离婚过程中父母的表现和家庭的变化情况。例如，针对本来就存在赌博成瘾、严重家庭暴力的家庭，父母离婚可能更有利于孩子的成长；离婚后，双方仍然能够为孩子提供生活、成长的需要，仍然能够尽到父亲、母亲的责任，这种家庭变化同样有利于孩子发展。但部分家庭在离婚过程中可能会出现都不想要孩子或互相攻击对方、对孩子讲对方的坏话等行为，这些行为会给孩子带来更大的伤害。

如果父母具备以下 4 个特点，会让离婚对孩子产生更多的积极影响。

① 真正享受和孩子在一起的时间。

② 可以和孩子进行良好沟通。

③ 愿意尽力帮助孩子获得幸福。

④ 能够以积极的方式应对危机。

如果家庭具备以下 4 个特点，也会让离婚对孩子产生更多积极的影响。

① 家庭成员能够且愿意共同面对生活中的重要事件，例如失业、离婚、患重大疾病等。

② 家庭成员具有以坚强、持久的信念掌握生活的能力。

③ 家庭对于不同活动有一定的规则和执行能力，例如，即使面对生活的大变动，父母也不会忘记为孩子庆祝生日。

④ 家庭氛围是互相关心和支持的，父母、子女共同参与家庭活动。

父母离婚带给孩子的情绪变化

不管是什么样的父母或家庭，离婚都会对孩子的生活产生一定影响，这时孩子会感受到各种各样的情绪，包括悲伤、内疚、被抛弃、否认或释然，这都是正常的。这时孩子应该给自己一段时间去适应情绪变化，不用苛求自己不能出现这些所谓不该有的情绪。

否认

或许在父母离婚前，孩子对此已经有了一些预感，但在确定这一消息后，孩子可能还是会感到震惊、麻木，不愿意承认眼前的事情。

悲伤

悲伤是孩子面临父母离婚时最常见的情绪。孩子也许会感受到没有尽头的悲伤、对曾经的家庭的怀念、孤独以及失去希望的感觉。

内疚

孩子可能会认为“如果自己做得再好一点，父母就不会总因为自己吵架最终离婚了”，可能会感到懊悔、自责，会觉得自己应该为这件事情负责；也可能会因为自己有一些不该有的情绪而感到内疚。例如，父母长时间吵架且经常迁怒于孩子，离婚后，孩子就会有解脱的感觉。

愤怒

孩子可能会感受到对父母的愤怒，认为他们不配做父母；可能会感受到对自己的愤怒，责怪自己为什么不能让父母和好，责怪自己什么也做不了；可能也会责怪其他家人，认为他们没有帮助自己。

恐惧和焦虑

孩子可能会感到强烈的担忧和害怕，会感到焦虑、无助、没安全感，感到被抛弃。

接受或释然

孩子可能也会产生“离婚也挺好，对大家都好”的感觉或者“终于能离开这个家”的感觉，这种坦然接受、感到解脱的感觉在这时也很常见。

孩子可以做些什么

得知父母离婚，孩子可能会感受到巨大的痛苦，希望下面这些方法可以让孩子的感觉好一些。

真实地面对父母离婚后的情感

孩子要允许自己产生悲伤、害怕等各种情绪，体会自己在经历这一系统情绪变化时的变化，不要逼迫自己立刻坚强和成长，选择最让自己舒服的方式宣泄情绪，接受自己脆弱的部分。

从信任的家人、朋友那里获得支持

孩子要把自己的经历、感受及想诉说的内容告诉家人、朋友。父母离婚并不代表你是不值得被爱的，只是他们的关系出现了问题，请相信你周围还是有很多人愿意倾听、支持、帮助你的，你是值得被爱的。

尝试有规律、充实、健康地生活

此时，孩子应尽量让自己每天的活动、行程都有规律且充实，尽量将自己的注意力放在生活中，而不是一直去想父母离婚这件事。

在日常生活中，当孩子只是不经意地想到父母离婚的事情时，他们可能在反刍痛苦或回忆美好，如果让自己沉浸其中，那么感受到的大多是痛苦；而当孩子专门花时间去向朋友倾诉或书写自己的感觉、想法时，更像在以描述电影的方式从第三人的视角诉说过去的经历，这种方式更有助于宣泄情绪，也更有助于理解事情的全貌和父母的选择。

同时，健康的生活也有助于心理的恢复。

尝试参与社会活动

参与社会活动具体有很多种形式，比如参加志愿服务活动或离异家庭子女支持小组。这样做一方面，可以使孩子在人际交往中转移注意力；另一方面，可以让孩子在与人互动的过程中，既接受他人的支持和帮助，也支持和帮助他人，从而感受到自己的价值。

处理好原有家庭关系

第一，当父母离婚后，孩子可能会面临很多纠结的情况。例如，过年的时候去陪谁？当爸爸或妈妈说对方的坏话时，自己要怎么办？爸爸或妈妈完全不让我与对方见面，我要怎么办？面对这些情况，孩子可能不想让父母中的任何一方受伤，也不想让自己受伤。孩子可能会很纠结、矛盾，希望下面的方法可以帮助孩子更好地与离婚后的父母相处。

理解“新家庭”中的三角关系。在健康的“新家庭”三角关系中，父母和孩子应该是相互独立的，能自主地解决彼此之间的问题。例如，父母之间的矛盾不会将孩子拉扯其中，孩子与父母任何一方的矛盾也会在他们两人之间解决。然而，离婚家庭中经常会出现不健康的三角关系，孩子经常会被卷入父母之间的矛盾。在这种情况下，我们经常会面临如下情况。

孩子可能会被父母中“强势”的一方要求结盟或站队，会被父母中处于“弱势”的一方暗中拉拢（悄悄关心、打钱等），此时，孩子就会被迫面临“背叛与忠诚”的两难境地。

孩子可能会成为父母离婚的替罪羊，父母可能会说“就是因为你，我们两个才总吵架并最终离婚的”。

孩子可能也会被期待做一些事情，来协调父母之间的关系，例如，故意制造麻烦或让自己生病来让离婚的父母暂时搁置矛盾，共同关心自己。

孩子需要理解自己当下的处境：上述情况之所以出现，是因为父母之间的矛盾，自己只是无辜卷入其中，最好的解决办法是让他们两人独立解决。

第二，尝试明确自己的感受。当父母中的一方对另一方进行攻击或问责时，孩子应试着对自己感受到的情绪做分类，区分哪些是别人的情绪，哪些是自己的感受。

孩子可以通过具体化的方式明确自己的感受。例如，当听到妈妈说“爸爸辜负了我，他是个差劲的人”时，孩子可能会感到不舒服，那么请在这时追问自己，这个感受具体指什么，是因为听到这句话而产生的不适，还是因为不知如何回应妈妈而产生的尴尬？是因认同妈妈而产生的对爸爸的责怪，还是对妈妈总抱怨别人却无法改变自己的失望？请先识别自己内心的感受，明白它具体是什么，这是更好地处理这段不健康的三角关系的重要一步。

第三，尝试与父母建立适当的边界。当孩子意识到自己被迫参与了父母的矛盾时，就可以主动退出，为自己建立一个健康的边界。孩子需要坚定地表达自己的感受和意愿，而非总是迎合父母的期待和需要。

一个合适的边界让孩子既可以倾听、理解父母，也可以给出建议和想法，但是孩子不能替父母做决定，也不要替父母执行决定，更不要为了缓和父母的矛盾而牺牲自己。

落实这一方法在一开始会遇到很多困难，甚至可能不被父母双方理解并被责备。但请相信，建立适当的边界有助于自我成长，这样父母之间的矛盾也才有更多被解决的可能。

处理好与新建家庭的关系

父母离婚后可能会重新组建家庭，那么我们如何处理与重组家庭的关系呢？

第一，了解重组家庭。重组家庭中成员关系不同于传统家庭，它具有独特的发展模式。孩子可以尝试和重组家庭的成员共同探讨家庭关系和未来发展。

第二，保持合理期待。在重组家庭中，家庭角色的建立和家庭成员之间的磨合需要一定时间，出现一定的冲突矛盾是很正常的，孩子需要有一定的耐心，多给自己和对方一些时间。

第三，拒绝社会污名。重组家庭总是存在许多社会污名，例如，孩子容易被继父继母暴力虐待，容易被孤立冷落。孩子可以了解这方面的知识，减少这些污名对自己的影响。

第四，尊重家庭成员。孩子不应该把父母离婚迁怒于新的家庭成员，相反，尝试尊重新的家庭成员，是拥有新的健康家庭的正确做法。

第五，如有必要，可以制定家庭协议。与以往的家庭长期以来形成的分工不同，在重组家庭中，孩子可以尝试与新家庭成员讨论家庭分工以减少家庭冲突，促进新家庭的发展。

父母可以做些什么

离婚不仅是两个人的事情，也会对家庭尤其是孩子造成影响。希望以下内容可以帮助父母减少对孩子的伤害。

缓和双方矛盾

父母双方应认识到矛盾不仅存在于现实生活中，还存在于关系模式中。父母双方如果能够做到发展自我，积极成长，可能会更好地解决离婚问题及后续问题。

达成利益妥协

父母双方应达成“孩子的利益是离婚处置中的最大利益和首要利益”这一共识。在做决策时，父母双方应一切以孩子的成长和发展为目标，在财产分割、孩子抚养等方面相互妥协和让步。

妥善安排孩子的生活

父母双方应就离婚后孩子的生活安排，包括孩子生活费用的付出比例、是否可以探望孩子及探望频率、孩子的居住问题等达成一致，避免让孩子参与这种纠纷。

保全亲子关系

夫妻关系破裂的影响最好不要波及亲子关系，父母双方应杜绝将孩子当作报复、要求对方的工具的情况，继续承担父母的责任，与孩子保持相互信任、支持、陪伴、共同成长的关系。

积极开发“新亲子关系”

大量研究表明，父亲或母亲在孩子成长过程中的缺位会导致孩子出现成长缺陷。充分利用其他家人、朋友、教师、同学等人际关系，让孩子在成长过程中有合适的模仿对象，可以帮助孩子更好地认识自我、接纳自我。

请照顾好自己

很多离婚家庭的父母会带着“委屈”“不甘心”的情绪过度参与孩子的生活，这种情绪也会传导给孩子，让孩子感受到“父亲或母亲的委屈付出，自己将来必须成倍回报”，给孩子带来巨大的心理压力。离婚的父母可以调整好自己的情绪，无条件地积极关注孩子，与孩子形成稳定的亲子关系。

如何帮助你周围的人

如果你是孩子的亲人，可以给予孩子力所能及的关爱和陪伴，你的关心与支持可以在一定程度上代替缺位的父母，你的爱与接纳可以缓和父母离婚带给孩子的伤害。

你还可以帮助孩子理解自己。很多人是在被动、不知情的情况下受到离婚事件伤害的（如在不健康的三角关系中），如果有能力，你可以向孩子普及心理健康知识和家庭知识，帮助孩子学会应对家庭冲突，主动求助以应对父母的不理智行为。

帮助孩子时你也要尊重孩子的需要。尽管从他人角度看，遭遇父母离婚的人是需要得到帮助的，但是在施以援手前，你需要理解当事人需要的是什么（可能有些人会通过拒绝帮助来证明自己没有受到父母离婚的影响），孩子可以接受什么样的帮助，并尝试去告诉他："我会一直和你在一起，如果有需要，可以随时来找我。"

你要给予孩子理解和支持，在孩子有需要时，倾听和理解孩子的想法，帮助孩子宣泄自己的情绪。在这个过程中，你也可以给孩子安慰、适当地提供建议，帮助孩子适应现在的生活。

如遇以下情况，请寻求专业帮助

① 感到生活失去了意义，没有什么值得留恋。

② 不断责怪自己为什么不能阻止父母的离婚，认为自己是一个废物，或者认为自己本来就不配拥有一个完整的家庭。

③ 长时间对生活丧失兴趣，感到麻木，封闭自己、不和其他人交流。

④ 严重怀疑自己能否有一段安全稳定的亲密关系，怀疑自己是不是不值得被爱。

⑤ 这段经历已经严重影响正常生活、工作、学习和人际交往。

⑥ 时常感到过度疲惫，即使并没有做什么；经常失眠；饮食及体重相比平时有明显的上升或下降（体重升降幅度超过 5%）。

父母离婚，对孩子来说可能是一种丧失，孩子会因此产生“失去”父母的感觉。这种痛苦对每个人都是独一无二的，没有什么固定的方法能够迅速缓解它；这种痛苦又是可以改变的，孩子还有机会与父母重新建立不同于以往的关系，感受不一样的生活。

或许有些事情我们无法改变，只能默默接受它的发生，但是我们可以改变自己，让自己更适应、更接纳这些改变，让它们都变成我们看到最好自己的机会。

祝你能接纳过去，接纳自己。

校园暴力：不敢去上学，谁来帮帮我

郭旭东

可能你也不知道自己为什么会遭遇校园暴力，这段时间，你可能会有如下反应。

害怕上学，时时刻刻担心被欺负。

感到羞耻，认为被欺负一定是因为自己的问题。

感到绝望，不明白为什么没有人帮自己，为什么他们不放过自己……

请相信，经历这些不是因为你的问题，应对校园暴力是一个复杂、困难的事情，你已经做得很好了。

请相信，校园暴力并非没有解决办法，你可以向家长、老师、朋友及一切你信任的人求助。心理咨询师也会用专业心理学知识，帮助你了解校园暴力，解决当前困境，陪你一起走过这段黑暗时光。

校园暴力是如何发生的

校园暴力，指在教室、校园、上下学途中、网络以及其他所有与学校有关的环境中发生的暴力行为，包括学生之间的暴力行为、师生之间的暴力行为和校外人员与师生之间的暴力行为，其表现为身体暴力、情感与心理暴力、性暴力与网络暴力。

校园暴力的发生受社会、家庭、学校、个人四个因素的影响，这些因素会导致青少年成为校园暴力的实施者，而受害者往往被随机选择。

社会

有研究表明，当青少年通过网络接触大量含有暴力元素的电影、动漫和电子游戏时，青少年在现实生活中的暴力行为会增加。

除此之外，一些地方对未成年校园暴力的监管还在完善中，难以彻底遏制校园暴力的发生。

家庭

家庭教养方式可能导致青少年出现校园暴力行为。专制型家庭教养方式容易导致孩子出现逆反心理，使孩子更容易为了获得快感而做出违背父母意愿的事情，其中校园暴力就是一种极端表现。在溺爱型家庭教养方式下，孩子的不良行为由于不能及时得到父母的规范，所以最终也可能发展成校园暴力。

父母对孩子施加的暴力行为及缺乏关爱的教养方式都容易导致孩子形成孤僻、偏执的性格，让孩子习得用暴力解决问题的方式，这样的孩子更容易成为校园暴力的实施者。

学校

某些教师会采用打骂的方式教育学生，这可能会引起学生的模仿，从而发展出校园暴力行为；另外，教师对部分学生的冷落、忽视、歧视也会带动其他学生对那部分学生施加校园暴力行为。

一些学校也缺乏对校园暴力的预警措施和应对机制，经常采用“息事宁人”的态度解决问题，这不仅无法结束校园暴力，还会进一步伤害受暴者。

个人

青少年正处于自我意识逐步形成、自尊意识强烈的阶段，部分青少年会通过实施校园暴力的方式获取成就感并提升自尊；部分青少年可能会因为学业欠佳或社交受阻而实施校园暴力，以此转移压力。

影响校园暴力受害者“产生”的因素如下。

校园暴力受害者是被校园暴力实施者因各种偶然因素选择的。一般来说，校园暴力受害者通常与其他同学有较大差异（身体情况、声音、穿着等）。同时，家庭环境也和成为校园暴力受害者密切相关，与父母过分亲密的男生与受到家庭情感虐待的女生更容易被攻击。

但无论如何，这些因素都不该成为被校园暴力的理由，受害者始终是无辜的。

校园暴力带来的情绪变化

目前的研究主要关注受害者遭遇校园暴力后的变化，对于校园暴力实施者的关注较少。

如果校园暴力行为未得到有效阻止，也会对校园暴力实施者产生如下影响。

① 使他们错误地相信暴力可以解决问题。

② 不利于他们维持正常人际关系（家庭关系、同伴关系、亲密关系等）。

③ 增加他们在未来发生酒精成瘾和暴力行为的可能性。

恐惧、焦虑

我们会对正在发生的校园暴力感到恐惧，对不知道什么时候到来的欺负感到焦虑。

无助、抑郁、绝望

遭遇校园暴力时，我们可能想逃跑，想反击，想保护自己，但是可能都没有作用；在自己最需要帮助的时候，周围只有欺负自己的人、帮凶和“观众”，而本应保护我们的家长、老师却不相信我们或无法提供有效帮助，这一切都会让我们感到抑郁和绝望。

愤怒

我们会对校园暴力者感到愤怒，愤怒于他们对自己的所作所为，可能会通过幻想、诅咒等方式发泄自己的愤怒；也会对旁观者感到愤怒，愤怒于他们冷漠无情；还会对老师、家长感到愤怒，愤怒于他们无法帮助自己。

羞耻

校园暴力中的羞辱性行为会让我们感受到被侮辱，更严重的是，我们可能经常会听到“为什么他们只欺负你不欺负别人”“还不是你自己有问题”等指责的话。这些话可能出自本应提供保护的老师、家长之口，也可能是旁观者所说；这些话会让我们误认为遭受校园暴力可能真的是自己的原因，会让我们觉得是自己不够优秀、不够好，对自己会遭受校园暴力而感到羞耻。

我们可以做些什么

正确认识校园暴力

（1）对自己的遭遇有所觉察

校园暴力不仅包括暴力行为、肢体攻击、故意损害私人物品、索要钱财等，还包括故意排挤、孤立以及言语上的过度嘲讽、故意散布谣言等。这些行为不是开玩笑或朋友之间的小打小闹，会让你感受到痛苦、焦虑、害怕，感受到被攻击、被排斥。如果你感觉自己正在遭遇校园暴力，请坚决反抗并主动求助。

（2）对受害者有罪论说“不”

请相信，校园暴力是严重的暴力行为，它和同学之间的矛盾冲突、正常教学秩序下的惩罚完全不一样。没有原因可以让一个人遭遇校园暴力，遭遇校园暴力也绝对不是受暴者的问题。

我们需要秉持这样的信念，告诉自己“遭遇校园暴力不是我的问题，我不应该承受这些”，我们可以保护自己、坚决反抗、求助他人，这些做法都是合情合理的。

接受自己被校园暴力的事实

有一部分同学不愿意接受这一事实，可能是因为遭遇校园暴力让自己感到羞耻、被排斥、不安全，于是将校园暴力解释为同学间的玩笑，曲解为关系好的表现。但是校园暴力终究是校园暴力，这种想法虽然可以暂时缓解痛苦，却也让自己失去彻底摆脱校园暴力的机会。

接受自己遭遇了校园暴力的事实，承认自己受到了伤害，是解决问题的第一步。

坚决反抗

当第一次遭遇校园暴力时，我们需要做的是坚决反抗，部分校园暴力的实施者在选择受害者时，可能会先去试探，他们无法确定受害者是不是一个容易被欺负的人。这个时候我们鼓起勇气、坚决反抗，可能会及时阻止校园暴力的发生。

如果一个人难以反抗，我们可以及时向家长、老师、朋友求助。

主动求助

遭遇校园暴力并不是受害者的问题，向别人求助也不是软弱的表现。作为受害者，我们应该主动向家长、老师、朋友及一切可以信任的求助对象求助，依靠他们的力量解决问题。

在求助过程中，我们可能也会遇到许多问题。希望下列方法能够有所帮助。

若求助对象不理解、不重视我们的求助，回应“那你离他远点不就行了”“自己的事自己解决，这点小事还要问我”之类的话，我们会感受到不被理解，可能会再次受伤。但请不要停下求助的步伐，我们可以这样做：继续和他们说明自己遭遇的校园暴力的细节，和他们说清楚自己受到的伤害，让他们意识到事情的严重性和紧迫性，让他们感受到自己真的很需要他们的支持和帮助，让他们重视起来。

例如，小明每次买了好看的文具，例如钢笔、笔记本等，都会被同学小强强行抢走或弄坏，并且这一现象持续了 1 个月时间。

小明向父母求助，说“今天我新买的钢笔又被小强摔坏了。”

父母可能会说：“你让他赔你一根不就完了。”

小明：“他不赔，他还打我。”

小明爸爸：“那你自己想办法打回去。”

小明妈妈：“小朋友之间打打闹闹很正常，我给你钱你再买一根，小心点，别再摔坏了。”

在这个例子中，小明父母并没有意识到小明所遭遇的校园暴力，认为这只是小孩子间的打打闹闹，还会认为小明为一点小事都要来烦他们。这些回应都堵住了小明求助的道路，让他没有办法再向父母求助，小明也会因此对父母感到失望，可能只有等到校园暴力更加严重的时候，小明才会再向父母求助。

在这里，小明可以再多说一点细节，告诉父母：“我的钢笔已经被小强抢走 3 根了，笔记本被他抢走 2 个，他每天还会打我、骂我，今天还威胁我如果明天不把 ×× 买了送给他，他就让我吃石头。”这样父母可能就会更重视这件事情，并提供相应帮助。所以，请给他们一些耐心，多说一些细节，让他们意识到这件事情真的非常需要他们的帮助。

若某个求助对象不提供帮助或帮助无效，请不要因为暂时的求助受挫就放弃求助，我们还可以向其他人寻求帮助，如父母、其他亲人、班主任、其他老师、校长、朋友、同学等，甚至还可以通过报警寻求法律帮助。

在求助过程中，我们还可能遇到求助对象的帮助效果不佳、施暴者对我们进行报复的情况。例如，校园暴力的实施者第一次把墨水倒在小明的白鞋上时，小明对家长说了，家长也找了老师，老师也做了一定的调解。但是调解后，小明却遭到对方的报复，施暴者打了小明，让小明跪下，还拍了照片。

这个时候我们需要认识到，可能是因为我们求助的对象的生活经历和知识结构的限制，他们对我们遭遇的事情不太了解，没有提供最合适的帮助。请不要轻易认为他们的帮助没有作用，也请多给他们一些机会，再次向他们求助，让他们意识到事情的严重性，可能多次的求助才会让事情得到解决。

也请保持勇气，一次对抗失败和遭遇报复并不意味着我们彻底没有办法解决自己遭遇的校园暴力。

避免伤害

坚决反抗是面对校园暴力的正确态度，但有时我们也需要减少与实施者的冲突，避免伤害。我们或许可以采取以下做法。

① 人身安全永远是第一位的，我们要避免激怒对方。

② 我们可以顺着对方的话说，缓解气氛，为自己争取逃

跑或求助时间。

③ 我们可以尽量与朋友结伴而行，降低受到伤害的可能性。

④ 必要时，我们可以向周围的人求助。

如何帮助周围的人

如果你是家长，可以通过以下方式帮助孩子。

你应该识别校园暴力的线索，及时觉察孩子的状态，了解孩子在学校的生活情况，因为不是所有孩子在遭遇校园暴力后都会主动求助。

当察觉到孩子可能遭遇校园暴力或孩子主动求助时，你应该耐心倾听并表示理解，坚定地告诉孩子“我们会帮助你解决这个问题”，也请告诉孩子，“校园暴力是一件非常难以应对的事情，发生这样的事情不怪你，你已经做得很好了，接下来我们一起去面对”。

你应该向孩子了解校园暴力的发生过程，和孩子、老师、学校甚至对方家长共同商量解决方案。

你应该跟踪了解事情的进展，不要低估事情的严重性，务必确定孩子最终摆脱了校园暴力。

你千万不要指责孩子，例如和孩子说“他们怎么就欺负你不欺负别人”；不要忽视孩子，不要认为他所经历的是同学间的玩笑，也不要鼓励孩子以暴制暴。

如果孩子因为校园暴力受到严重伤害，你可以选择报警、转学等方式，也可以求助于心理咨询师，帮助孩子减少心理创伤。

如果你是老师，可以通过以下方式帮助孩子。

你应该帮助学生了解什么是校园暴力，告诉他们在遭遇校园暴力时要坚决反抗、主动求助。

你应该通过班级管理、关爱学生等方法，尽可能预防校园暴力的发生。

当校园暴力发生时，你应该坚决制止。

你应该对向你求助的学生给予理解、支持、陪伴，坚定地告诉他“老师会帮助你”；联系学生家长、学校和实施者家长，共同商量解决方案。

你应该帮助受害者在班级中与其他同学建立互相帮助、支持的关系。

你应该与实施者谈话，了解其实施校园暴力的原因，尝试制止其暴力行为。制止过程不一定是批评教育，也可能是其他方式，实施者本身也可能存在一定的心理困扰，解决他们的心理困扰，可能也是减少校园暴力的方式。

在学校层面，可以通过以下方式减少校园暴力行为。

学校可以完善校园暴力行为的监测和预警方案。

学校可以建立相关校规校纪，减少校园暴力行为的发生。

学校可以开展教师培训，增强教师识别和应对校园暴力的能力。

学校可以开设相应课程，帮助学生正确认识校园暴力，提高学生在遭遇校园暴力时的自我保护能力，减少校园暴力中的施暴者和旁观者。

学校可以做好家校合作，帮助家长提高识别和应对校园暴力的能力。

如遇以下情况，请寻求专业帮助

① 因校园暴力，出现较长时间、程度较高的焦虑和抑郁情绪。

具体表现：长期情绪低落；对学习及其他事情丧失兴趣，学习时注意力难以集中，经常分神；饮食减少导致体重显著下降；入睡困难，或睡眠过程中容易惊醒；沉默寡言，敏感易怒，表现得明显和平常不一样。

② 出现自伤的念头或行为（如用刀子划胳膊）。

③ 社交严重退缩，无法和同学维持正常的人际关系。

④ 对学校表现出恐惧，无法正常上学，或者频繁出现迟到、早退、旷课等情况。

⑤ 出现抽烟、酗酒、网络成瘾等明显异于平常的行为，并且这些行为都是为了缓解校园暴力带来的痛苦。

校园暴力对任何一个学生来说，都是痛苦的，都是难以独自面对的。请相信父母、老师、朋友是可以帮助你的，联合他们，让他们陪伴自己共同走过这段黑暗的时光。

第 2 部分

成年期

人际孤立：被他人孤立和排斥

刘畅

被别人孤立的日子总充满着各种困境。

舍友们相约聚餐，却偏偏不叫上我，我要怎么打破僵局？同事们愉快聊天，却把我当作透明人，我要怎么融入进去？为什么被孤立的是我，是我哪里做得不好吗？

正在经历人际孤立的你，可能常常会有以上体验，并且不知道该怎么处理。希望下列与人际孤立有关的心理学知识，能帮你更好地迈过这块人生路上的绊脚石。

人际孤立带来的情绪变化

人际孤立是一种遭到社会拒绝的状态，而且这种拒绝往往是被动的。所以在被孤立后，你可能会有以下反应。

感到孤独和寂寞

当你被其他人孤立时，你也许会容易感到孤独。独自坐在墙角或者空荡荡的屋子里，你会发现没有一个愿意与你交心的人。

形单影只的你会觉得孤独寂寞，在昏暗的灯光下，在无奈与叹息中，独自品味这一杯苦楚的人生之茶。

有真实的心痛的感觉

你也许已经被有意地排斥在某种社会关系或互动之外，这是一种典型的被拒绝的感觉。

人在被拒绝的同时，身体或许也会疼。正在经历人际孤立的你，可能会有真实的心痛的感觉。

身体会感到寒冷

被孤立的你可能会突然打个寒战，或者打个喷嚏，感觉天气一下子变凉了。真的是你该添衣服了吗？

心凉，身体也会变凉。被人孤立的时候，人的身体会感到真实的寒冷。

愤怒，容易敌视，攻击性强

“他们凭什么孤立我？”当你被孤立时，也许会“气不打一处来”，心想“既然不能加入他们，何不和他们成为敌人”。

甚至，对那些没有孤立你的“无辜”他人，你也会抱有敌视心态。

不知不觉中，你可能会感到愤怒，攻击性变强。

时不时感到愤怒或悲伤

被孤立的你，被排斥的你，落了单的你，很可能会感到悲伤。

他们认为你无能而孤立你，你会愤怒；他们故意不给予你温暖而孤立你，你会感到悲伤。

对人际威胁过度敏感

被孤立的你也可能对人际威胁过度敏感。例如，在面对陌生人意图不明确的行为时，你可能会认为对方是有敌意的。

自尊心下降

人际孤立往往会导致自尊感下降。担心被别人拒绝和孤立的你，也许会更加顾虑其他人对你的看法。

以上这些情绪变化可能会让你痛苦万分，但你可能不知道，人际孤立也会让你的认知和行为产生改变。

人际孤立带来的认知和行为变化

无意识地模仿孤立自己的群体成员

被群体孤立却又想要融入群体的你，也许会无意识地模仿孤立自己的群体成员。这是一种高效的尝试，你想借此重新调整自己在群体成员中的地位。

对社交行为的记忆发生了变化

社交行为可以分为两种，一种是在社交中更关注自己，我们称之为“与自我相关的社交行为”；另一种是在社交中更关注他人和社会，我们称之为“非自我相关的社交行为”。

经历了人际孤立的你，对“与自我相关的社交行为”的记忆力更差，更能记得那些“非自我相关的社交行为”。

通过不关注自我，你可以潜在地减轻人际孤立造成的痛苦；同时，通过提高对他人和社会的洞察力，你可以找到未来积极参与社交互动的最佳策略。

创造力被激发

如果你本身是一个特立独行、觉得自己“与众不同”的人，那么经历人际孤立后，你也许会表现得更具创造性。因为这类人对人际孤立这类排斥行为的敏感性较低，他们的一些思维方式或与众不同的感受，使得他们在经历人际孤立后创造力提升。

不再愿意帮助他人

赠人玫瑰，手有余香。但如果你被他人孤立，你还会怀有一颗助人为乐的心吗？

此时，你共情他人的能力受到损伤，进而不能理解他人的需要和痛苦。因此，你或许不再愿意帮助他人。

可以做些什么

除了一个人沉浸在负面情绪中，你还可以用下面这些方法帮助自己尽快走出被孤立的阴霾，重获新生。

你可以努力结交新朋友，建立其他社会联结。

被一群人孤立，不代表你会被全世界孤立。世界上总会有人与你特征相近，志趣相投。

你可以在身边努力地寻找这样的人，发现自己与他们的共同点，并与他们成为朋友，形成情感依靠和联结，增强自己的幸福感。

说不定新朋友会成为你一生的挚友，为你打开新世界的大门！

如何帮助周围的人

鼓励他，支持他

来自同伴的一点点的支持，就足以让他重新振作起来，所以多多支持他吧。

鼓励他进行正念训练

正念训练可以增强他的自控力，让他在社交活动中变得更加能够接纳事物，不评价事物，进而减少人际孤立导致的攻击性行为。

正念训练可以让他以接受和不批判的方式对待人际孤立，

建立更积极的、能够自我支持的思维方式。

帮他建立归属感

如果他在工作单位受到人际孤立，你可以帮助他在家庭中找到归属感——让他认识到自己在家庭中的地位和重要性，相信依然有人关心自己、爱自己。

归属感是一种潜在的重要缓冲力，可以帮助他抵抗同伴的不接纳和孤独感所带来的负面影响。

如遇以下情况，请寻求专业帮助

社交焦虑

既想和别人接触和交流，又担心别人会对自己做出负面评价，因此感到恐惧、紧张，回避大多数社交互动。

重度抑郁障碍

持续 2 周以上的悲伤和空虚，每天大部分时间几乎对所有活动的兴趣显著降低。

难以信任他人，对所有人都存有戒心

最后，希望每个陷入被孤立之痛的人，都能找到一把有用的“匕首”，划破黑夜的幕布，回到爱中，成为更好的自己，领略人世间那些更美好的风景。

分手：如何有效告别一段感情

徐寒玉

都说“挥别错的，才能与对的相逢”，但分手后的痛苦，总是难以避免。

分手之痛让我们整夜失眠，动不动就想哭。

分手之痛让我们表面上无论笑得多欢快、玩得多开心，内心的孤独感始终挥之不去。

无论工作时还是休息时，我们总是时不时想到他，悲伤难熬，不知道自己什么时候才能走出来……

正在经历分手的人，可能常常会遇到以上这些问题，并且不知道如何处理。

分手从来不是一件小事，除了大家常说的“让时间治愈一切”，希望下面的心理学知识，能帮大家更好地度过这段不易的时光。

如何面对分手

我们是什么样的人，影响着我们处理分手的方式。

分手，意味着亲密关系的结束。

在面对亲密关系时，人们存在着安全型、焦虑型和回避型三种依恋类型，不同依恋类型的人应对分手的方式也各不相同。

安全型：能够开放、合理地交流需求。

在亲密关系中，安全型的人常常表现出信任、自信等正面情绪，他们相信自己是可爱的，别人是值得信赖的，而爱是可以持久的。

分手后，他们可能会倾向于开放、合理地跟身边可依恋的其他对象沟通自己的需要，比如向父母倾诉心中的情绪，从朋友那里寻找慰藉和陪伴。

焦虑型：用调情或指责等方式，让前任满足自己的需求。

在亲密关系中，焦虑型的人拥有较为冲突的情感表达模式，有着更多的自我怀疑，容易陷入爱河，渴望和对方亲密，但又很担心“他并非真正爱我”或者“他是不是最后会离开我”。

分手后，焦虑型的人可能会陷入一种不断切换的模式：一会儿轻浮地与对方调情，一会儿又愤怒地指责对方，并且想通过这些方式让前任满足自己的需求，比如复合。

回避型：压抑悲伤，独自硬扛。

在亲密关系中，回避型的人常常害怕亲密，难以信任对方，他们可能会怀疑爱情是否能够长久，或者认为自己不需要爱情也可以快乐。

分手后，他们会刻意压抑分手带来的痛苦，选择自己硬扛下去。

分手带来的情绪变化

“喜欢一个人是什么感觉？”“忘记一个人是什么感觉？”

热恋时，人脑中会分泌让人兴奋和开心的多巴胺。这与很多“成瘾过程”的神经通路相同，所以在热恋时人可能会有“爱情上瘾”的感觉，表现出欣喜、欢快、痴迷，并产生情绪和身体上的依赖等。同样，分手后人也会经历类似药物戒断的反应，可能会强烈地渴望爱情，并因此陷入焦虑、烦躁、愤怒等一系列痛苦的负面情绪，甚至产生冲动行为。

有些被分手的人，可能会因此走向极端，甚至做一些有辱人格或伤害身体的事情来试图挽回对方的爱。

如果你的依恋类型是非安全型的（焦虑型或回避型），你还可能会出现以下行为。

① 感到极其悲伤和悲痛：专注于失去的他，如不停翻看和他有关的信息，独自反复回忆过去，纵容自己沉溺于悲伤中。

② 努力试图复合：采取矛盾的行动，愤怒、充满敌意或暴力地对待前任，打电话“轰炸”前任，到前任的公司和家门

口堵截，甚至想要和前任发生性关系以求复合。

③ 压抑、独自硬扛：选择自己压抑痛苦，疯狂地工作和学习，拒绝提及和前任有关的所有事情……

可以做些什么

我们总结了一些方法，希望能帮人们顺利走出分手之痛。

收起所有和他有关的物品

收起所有和上一段感情有关的物品，如聊天记录、照片和纪念品。因为这些和回忆有关的事物会带来想念，维持大脑中与浪漫激情相关的回路，诱发我们对关系的渴望，不利于分手后的疗愈。

勇于放下与过去相关的一切，是走出来的第一步。

暂时不要联系前任

要想更容易地放下这段感情，最好不要与前任继续见面或保持联系。很多人想通过联系前任来缓解痛苦，结果往往是重新激活了更多的痛苦。正如看到和前任有关的物品一样，联系前任也会激活大脑中与亲密关系相关的回路，诱发对感情的渴望。

频频回头的人是走不远的。所以不要和前任联系，不要频频翻看前任的微博和朋友圈，更不要和前任发生性关系。

从朋友那里获得爱和宽慰

当我们想联系前任时，不妨联系一下朋友。联系朋友或者看朋友的照片会激活大脑中和依恋有关的区域，替代联系前任的冲动。所以，我们不妨和老朋友聚一聚，一起在逛街、聚会的时候拍拍合照。只要你愿意，你从来都不是一个人。

让自己忙一点

总是忍不住看前任的朋友圈，总是为前任在微博上的一句话心神不宁，忍不住猜想是不是对方已经有了中意的人……分手后，我们的注意力可能反而被对方带走了，也许这只是因为我们太闲了。分手后，我们可以通过适度的忙碌分散自己对前任的关注，根据自己的兴趣来安排生活。学一门自己早就想学的课程，参加一项志愿者服务，让自己的单身生活变得丰富起来。

做开心的事情，然后开心地笑

笑会带来面部肌肉的运动，从而激活大脑的神经通路并让人产生快乐的感觉，因此我们可以去做一些容易发笑的事情。

试着看一些好玩的综艺，和有趣的朋友体验好玩的事物，或者关注几个搞笑的段子手，总之我们可以每天让自己多笑一笑，缓解悲伤情绪。

试着每天记录正能量

也许刚开始为了引起注意、刺激对方，我们会忍不住在微博上表达委屈和倒苦水，在朋友圈发一些影射性的文字。

但是相比于只看到痛苦和负能量，分手后更专注于记录正能量的人会体验到更多的正面情绪。

要潇洒地往前走的人怎么能被痛苦困住双脚？给自己一点正能量，看看身边关心自己的朋友和家人，看看自己单身后重新拥有的时间和自由，这些都是生活中正在发生的美好，我们值得拥有新的生活。

尝试健康、新鲜的活动，重新发现自我

相比于沉浸在分手的悲伤里，重新发现自我可以帮助你形成新的、更积极的自我角色。并且，从生物学的角度而言，任何健康新奇的活动都有可能激活大脑中的多巴胺系统，给人带来活力和乐观。

如果我们没有在上一段感情中获得很多的个人成长，那么恢复单身可能是一个完成自己愿望清单的好机会。

重新发现自我，会为刚恢复单身的我们带来正面情绪和个人成长，所以尝试投入到愿望清单的活动中去吧！

开始执行健身计划，培养新的兴趣，在工作上展开新领域，参加体验性的活动，参与学习性的工作坊或学术会议，这些都是重新发现自我的活动。

分手不一定是一件不好的事情

每个人的裂痕最后都会变成故事的花纹。

“所有的分手都有快乐的理由”，在爱情的胡同中苦苦挣扎后放开了手，或许也是一件好事。毕竟，分手有时确实会给我们带来一些好的变化。

成为更好的自己

分手后的我们也许需要开始独立处理一些事情，然后发现原来自己比想象中更坚强独立。

分手后的我们也许会大声哭、大声笑，坦率、随性地表达自己的情绪，不为了一个人委屈自己，然后我们会发现原来自己的情绪比想象中更丰富真实。

分手后的我们开始重视自己，重新认识自己，更好地继续成长。

成为更好的伴侣

分手后的我们也许会发现，自己以前总是很快投入一段感情，让冲动盖住了理智，现在觉得在下一段感情中节奏放慢一点可能会更稳妥周全。

分手后的我们也许会发现，自己以前在感情中总是小心翼翼、有所保留，现在觉得在下一段感情中也许要试着真心对待、全力拥抱。

分手后的我们会开始反思自己在感情中的模式，进而寻求改变，这能让你成为一个更好的伴侣。

成为更好的朋友和亲人

分手后的我们有了更多自由的时间和选择，也许开始更频繁地和朋友聚会、和家人聚餐，也许开始每天花更多的时间在工作和学习上。

曾经在恋爱中被忽视的部分慢慢被填补上，从二人世界到一个更广阔自由的世界，我们重新用心维护自己的人际关系和精神世界。

拥有更好的爱情

分手后的我们也许开始思考自己想要一段怎样的感情，希望未来的另一半是怎样的或不是怎样的，然后未来在感情选择上更谨慎明确。从最初的过于追求完美，到后来的更加喜欢感情中的真实舒服，这也是一种蜕变。

如何帮助周围的人

亲密关系的结束会伴随着相当大的情绪反应，如果身边的人正在经历分手后的痛苦，那么作为朋友的我们能做什么呢？

不要主动提及与他们的前任有关的信息

无论是出于好心还是好奇，和他们提起前任的信息可能会让他们大脑中与激情相关的回路保持激活状态，不利于他们的疗愈。

所以请给他们多一点空间，作为他们的朋友，我们尽量不要主动提及上一段感情。

给予他们更多的陪伴和支持

前面说过，与朋友联系可以缓解与前任联系的冲动。与朋友联系能激活大脑中和依恋有关的区域，看朋友的照片也能起到类似的作用。

所以不要小看你的陪伴和倾听，试着在微信上多联系他们，如果太久没见面，也可以给他们发张你的近照、叙叙旧。

陪他们出门运动一下

运动可以提高身体内部的激素水平，从而减少痛苦，让人获得平静感和幸福感，同时也可以激活多巴胺的生成，带来快乐的感觉。

所以我们不妨在某个晴朗的周末，约上他们出去骑单车，逛逛街边的小店，让他们动起来。

带给他们更多的阳光和正能量

笑会带来面部肌肉的运动从而激活大脑的神经通路，使人产生快乐的感觉。

所以如果生活中有什么好玩的段子和综艺，我们不妨和他们分享一下，也可以多和他们讲述一下自己身边好玩的人和事，用笑容减少他们的痛苦。

带他们参加更多有趣的活动

让刚恢复单身的他们积极地投入“重新发现自我”的活动，这会给他们带来个人成长和积极的情绪体验。所以，如果我们要参加美食节或者志愿者服务，不妨叫上他们，用活动丰富他们的生活和情绪世界，为他们创造更多自我探索的机会。

如遇以下情况，请寻求专业帮助

情绪上：较长时间的抑郁、焦虑

分手后会难过一段时间是正常的。

但是如果我们长时间难过到无法正常工作和学习，无法正常进食和睡觉，对什么都没有兴趣，甚至连家门都不愿意出，那就需要小心，我们可能出现了严重抑郁的情况。因为分手可能会带来焦虑、抑郁等多种负面情绪。如果出现明显的抑郁、焦虑等状况，我们可以及时寻求心理咨询的帮助，严重时要去医院寻求帮助。

行为上：出现沉迷网络、疯狂购物、过度饮酒等行为

分手的人也许会因为看到前任的照片而“触景生情”，放

大很多复杂的负面情绪，进而增加冒险行为。

例如，为了获得即刻满足或减轻分手的痛苦而沉迷网络、疯狂购物、过度饮酒等。

另外，恋爱的感觉会让人上瘾，分手后的人可能会寻求一些物质或行为刺激来维持愉悦感，获得暂时的解脱，但这并不能帮助人们真正从痛苦中走出来，有时还会形成一种恶性循环。如果出现了沉迷网络、疯狂购物、过度饮酒等行为，需要及时寻求专业心理咨询的帮助，严重时需要去医院寻求帮助。

想法上：有自伤或者伤害他人的意图

焦虑型的人容易沉浸在失去前任的痛苦中，试图通过一些极端行为来应对分手，例如分手后不断埋怨前任，对前任产生巨大的气愤情绪。

但是如果我们气愤到出现一些伤害行为，例如想要自伤、伤害他人，应该及时联系周围的亲人和朋友，在家人的陪护下，及时寻求专业心理咨询和医院的帮助。

其他可能出现的问题

分手后，我们会出现类似药物戒断的症状，如抗议、哭泣、焦虑、易怒、嗜睡或失眠、厌食或暴食、长期的孤独感等，分手也可能带来各种各样的负面情绪和生理反应，从焦虑、抑郁、孤独，到免疫抑制、致命或非致命的身体疾病，再到自伤或伤害他人。

如果你在担忧会不会即将分手

如今越来越多的情侣喜欢在社交网络上“秀恩爱”。其实，情侣之间的疏远也可以从社交网络上看出来，而这很有可能是快要分手的危险信号。如果我们在一段不稳定的感情中左右徘徊，或许需要警惕下面这些分手的前兆，及时处理感情中的问题。

① 交流方式的变化，比如给恋人的评论留言变少，给他人的评论留言变多。

② 发布状态的变化，比如关于抑郁等负面情绪词语的使用变多。

③ 互动交流的变化，比如一方忽视另一方或不回应对方，单向交流变多。

写在最后

也许我们要等待一段时间，忍耐许多个日夜的思念和千百次复合的冲动，这场分手的折磨才能结束。

每个人可能都曾在爱情的得与失中惶惶不可终日，在分手后经历一段异常艰难的时光，但对前任的依恋终会随着时间的流逝而逝去。

所以有人说，所谓的逝去的爱情，其实是一场“大病”。

希望你在某天醒来时，心情轻松，告诉自己：“难熬的日子好像要过去了，而我的病就要好了。”

怀孕：如何克服怀孕时期的重重挑战

张莹

怀孕对于绝大多数家庭而言都是一件好事，但同时，它也给准妈妈们带来了不少身心挑战。

准妈妈们曾经还不错的身材开始变胖走样。

准妈妈们不知道为什么动不动就想发脾气，时不时孕吐不舒服，太难熬了；担心生孩子时的十级疼痛，又怕生完生活节奏被打乱……

孕期确实是一段身体和心理都会发生巨大变化的时期，我们希望下面的心理学知识，能够帮助准妈妈更科学地克服生产前的困难，更加从容地享受成为父母的喜悦。

准妈妈们的身心变化

身体的变化让人沮丧

如果你是一位准妈妈，怀孕时你的身体需要积累更多的营养，发胖在所难免。

但在怀孕期间，很多准妈妈还是会用“瘦很美、胖很糟”的审美标准来评价自己。

怀孕的你可能会把肚子之外部位的发胖，例如四肢和面部的脂肪增多，看作“肥胖”的一种表现，因此对身体产生不满，变得焦虑和抑郁。

一孕“傻”三年

大脑在怀孕过程中会发生变化。在这期间，你可能会出现经常忘记事情（记忆力下降）、注意力减退、阅读困难等情况。

但你不用担心，最近的脑科学研究表明，这些大脑变化只是暂时的，可以在产后大约 6 个月恢复。

同时，因为经历了怀孕期间激素变化的刺激，大脑中掌管推理、判断、同情的区域和调节与管理情绪的区域甚至会变大。

可见，怀孕不会让人傻三年，怀孕对大脑的影响也不是有害无益的。

情绪波动，焦虑不安

在漫漫十月的怀孕期间，你可能会在不同的妊娠期经历不同程度的焦虑不安。

随着孕周的增加，焦虑症状的发生率逐渐增高，临产产妇的焦虑水平明显高于怀孕初期的准妈妈（黄歆，2010）。

我们可以做些什么

“你不是一个人”：动员家庭成员进入新角色

与准妈妈相比，准爸爸和其他家庭成员可能没那么快进入新的角色，因此提前沟通和动员尤为重要。

作为准妈妈，你可以将接下来可能经历的一些变化提前告诉家庭成员，这可以让他们有一些心理准备，并给予你理解和支持，减少误会和疏远。

例如，你可以告诉他们：“怀孕期间我的情绪波动可能会很大”“生完孩子后我可能会变得脆弱敏感”等。

在这期间，你也可以组织家人制定具体的家务分工，并让他们意识到每个人都是新生命的重要家人，大家需要一起努力适应未来家庭环境的变化。

毕竟孕期家庭的亲密度、适应性与初产孕妇产后的焦虑有明显的相关性，而孕妇产后的心理状态，不仅会影响自己和孩子的健康，更会影响整个家庭的生活质量。

“组建有爱的后援团”：寻找更多的社会支持

在怀孕期间得到更多的社会支持，可以减少负面情绪的影响，提升准妈妈们的幸福感。

所以，在这段时间，作为准妈妈，你可能会出现情绪波动大或者感到疲惫的情况，这时，不要自己硬扛，要学会向家人或朋友求助，吐吐槽、求帮忙，以缓解精神压力。

当然，必要的时候，你也可以寻求心理咨询师或其他专业人员的帮助，做个更加幸福的准妈妈。

“保持学习的放松心态”：掌握必要的孕产、育儿知识

有些电视剧中会出现难产、产后大出血等特别恐怖、吓人的情节，很容易让人产生心理阴影。这就更需要准妈妈们在产前“武装头脑”，学习分娩期的知识，对分娩过程有充分的了解。保持积极的心态，对自然分娩充满信心，这对准妈妈自己的身体和肚子里的宝宝都大有裨益。

“学会自我协调”：试试适合孕妇的减压方式

自我调节也是准妈妈需要学习的一项技能，下面有几种方法，可以帮你减少压力。

（1）正念练习

正念练习可以减少孕晚期准妈妈们的焦虑和抑郁情绪，能帮助女性度过孕产这一过程，甚至在产后还能继续发挥作用。

找一些专业的资料，练习一下正念，不失为一个好选择。

（2）听节奏舒缓的音乐

焦虑不安的时候，听一些节奏舒缓、音调和谐、音色优美的音乐，可以帮助你稳定情绪。

（3）在专业指导下做产前瑜伽

剧烈的运动或许不适合处于孕期的你。但在一定专业的

指导下，做一些产前瑜伽，可以有效降低你的抑郁和焦虑的程度。

如何帮助周围的人

提供陪伴和支持

作为准妈妈的家人或朋友，在这段时期，你可以多关注她的情绪变化，多陪在她身边，给予倾听和帮助，让她在你的支持下度过这段不易的旅程。

而如果你是她的同事，请对她可能出现的工作效率和能力上的变化给予包容和理解，在工作中给予她更多协助，而不是歧视和添堵。

提供良好的环境，尤其是家庭居住环境

保持环境的安静、舒适、清洁以及空气的新鲜，这可以帮助准妈妈消除疲劳感。

如遇以下情况，请寻求专业帮助

自杀倾向

严重的焦虑和抑郁可能会让孕妇出现轻生的想法，我们千万不要把它当成小问题，劝劝就完，这时需要专业的危机干

预人员介入，以免不幸发生。

物质滥用

孕妇的身体关系着两条人命，如果准妈妈因为孕期焦虑和抑郁而出现对香烟、酒精或某些药物的滥用，一定要寻求专业的医生和心理咨询师的帮助。

最后，孕育新生命是一件痛并快乐着的事，这个过程可能会有一些曲折，但是伴随着那一声响亮的啼哭，一切辛苦都会化为幸福的微笑。祝愿各位准妈妈、准爸爸顺利度过这段时间，迎来一个健康的小生命。

结婚：结婚这种大喜事居然让我焦虑不安

张莹

从相识、相知到相爱，一路走来，你与他即将步入美满的婚姻。但此时，在如此喜庆的气氛下，一种抵触感和焦虑感，却悄悄爬上心头。

这么快就要结婚了，我真的准备好了吗？

婚后的生活，我真的可以适应吗？好焦虑啊……

婚前的琐事太多，和他已经吵了好几次，好烦！

这些状态在外人看来似乎“不合时宜”，但不少准新人的确会感受到不请自来的“婚前焦虑”。

你或许也正在经历这样的不安，不用过于担心，这是很正常的。而我们也希望能用下面一些相关的心理学知识，帮助你更顺利地走入人生的下一个美好阶段。

婚前焦虑是一种什么样的体验

婚前感到焦虑的你，可能会有以下三种表现。

心情突然从喜悦转变为不安

很多准新人在结婚前会发现，他们原本对结婚的喜悦和兴奋会突然转变成对即将迈进“围城”的不安和恐惧。结婚意味着亲密关系的升级，意味着情感生活将发生较大的变化。而对于准新人，尤其是有负面情感经历的准新人而言，处理这些变化真的让人压力重重，这些压力甚至可能迫使他们产生逃婚的想法和行为。

烦躁不安、易怒甚至争吵

备婚过程涉及的琐事繁多，容易让人烦躁，冲突和争吵的频率也会相应增加。这时，若是缺乏责任感和履行责任的能力，你可能会更加留恋不用履行责任的恋爱阶段，对进入婚姻产生焦虑。

对未来婚后生活的冲突感到焦虑

由于成长和生活环境的影响，你可能会受到父母关系不和、周围人婚姻破裂、恐婚情绪泛滥等情况的影响，产生消极的预想，担心自己的婚姻也会走向不幸。

如果你产生了婚前焦虑，不用惊慌，这是再正常不过的现象。

生活中的一些转变会给人带来压力，转变越大，产生的压力越大。无论在国外研究者霍姆斯（Holmes）和雷赫（Rahe）

编制的《社会再适应评定量表》中，还是在国内研究者编制的《中国人生活事件量表》中，结婚都是一个名列前茅且极具影响力的生活转变。

可见，无论中外，结婚此等人生大事，都会给人带来不容小觑的压力。

而压力并非毫无缘由地出现，结婚意味着你将增加新的身份和角色，有新的责任和义务。

结婚前，你只是自己父母的孩子；结婚后，你还需要承担孝敬爱人的父母的责任和义务。结婚前，你只是恋人的另一半；结婚后，你还需要与他的家人和朋友产生联系，这可能也会影响原本“纯粹的爱情”。

所以，你无须因为“婚礼是喜事，要开心才行”等类似的话而压抑自己的不安。相反，你应该接受这种不安，并找到合理的方式进行缓解。

我们可以做些什么

当你在备婚过程中感到焦虑满满、紧张兮兮，甚至因此与伴侣冲突增多时，或许可以试试以下几个比较简单的方法，放松一下。

释放压抑的情绪

找好友好好地吐槽吐槽，在适当的时候哭一哭，充分发泄负面情绪，这样你才会有力气应对新的挑战。

短暂地转移注意力

对于一直沉浸在紧张备婚过程中的你来说，参加不同的活动，以此转移注意力是个不错的选择。你可以试着以运动、音乐、玩耍、写作、绘画等“玩物不丧志”的形式，转移消极情绪。

进行一些放松训练

你可以进行一些放松训练以缓解压力下的一些身心反应。

最简单的放松训练就是调整自己的呼吸。在焦虑紧张的时候，你可以有意识地深呼吸，让自己更快地放松下来。

亲近大自然

你可以抽两三个小时，去公园走走，感受空气、阳光，或者去欣赏森林风景、泡泡温泉浴等，这对于调节压力而言非常有用。

以上这些方法都能在短时间内帮助你缓和情绪。

但我们都知道，婚前焦虑不仅是一种简单的情绪反应，它还来自我们对婚姻的很多疑问。

我该不该跟他结婚？

我的婚姻会走向美满还是不幸？我要怎么做才行？

针对这些问题，下面这些方法或许能解决你婚前所焦虑的一些核心问题，让你的婚姻更美满。

如何解决与婚前焦虑有关的核心问题

从多角度入手，真实地了解你的他

在恋爱阶段，结婚前，提前、全面、多角度地了解对方，是一件非常重要的事情。我们可以多问自己一些问题，具体如下。

他是个很棒的恋爱对象，但是不是一个好的结婚对象呢？

他样貌出众、让人着迷，但是我们的脾气适合长久相处吗？

他对自己的家人很好，但他以后对我的家人也会同样好吗？

倘若你们只是受对方的颜值或者其他某个方面的吸引，就认为对方其他方面也都很好，这很可能会给你们未来的感情发展带来隐患。

有时候，到准备结婚时才发现对方不是自己想结婚的人，并不是因为对方变了，而是因为你们在之前的恋爱中对彼此的了解还不充分，还处于“情人眼里出西施”的状态。

认识和尊重家庭成员之间的差异

如果说恋爱是两个人的“地月系统”，婚姻家庭则是一个“太阳系”。步入婚姻，你除了要面对自己的爱人，还要和他的父母、亲戚、朋友相处。两个人在恋爱中的和谐未必就能自然转化为结婚后在家庭关系中的和谐。

在相处过程中，一家人在情绪反应、评价、人格特点等方面的差异可能会给你带来一些新的压力。

比如，女方性格有些任性但没坏心眼，男方性格内敛、好说话，两个人相处时性格能互补，女方发脾气也是两个人恋爱时解决问题的一个途径。但在男方家庭中，平和沟通才是常态。

因此，若婚后女方在男方妈妈面前对男方发脾气，男方妈妈可能会觉得不舒服，认为自己的儿子被欺负，进而迁怒女方，甚至影响与女方家庭的关系。

若能在婚前意识到这点，准备结婚时你就可以有意识地向“家庭大系统”过渡，尊重双方家庭成员的看法和性格差异，尽量减少备婚时和结婚后的误会冲突。

例如，若提前知道男方家庭成员之间的相处方式，女方可以在只有二人相处时再对男方发脾气。只有提前对婚姻有所准备，才能更好地降低对结婚的焦虑和恐惧。

备婚过程中，多多沟通

有时，繁杂的婚礼筹备过程也会引发结婚焦虑。琐碎的事情往往会消磨人的情感，带来冲突，进而引发对婚姻的不安。因此，正确认识并合理地调控生活事件，有助于消除婚前焦虑。在备婚的过程中，你可以就婚礼怎么办这件事，多跟对方以及双方的父母进行沟通，减少备婚过程中的摩擦，也为之后的相处奠定一些情感基础。

如何帮助周围的人

不渲染负面情绪

你不要用道听途说的婚姻悲剧以及仅适用于自己的婚姻观念，随意给他人意见；给他们冷静思考的时间和空间，去做关于自己的人生大事的决定。如果你实在不知道怎么办，又很想找一些方法帮助对方，不妨把这本书作为礼物送给他们。

提供情感上的支持

你不要吝惜自己对朋友的关心和问候，有时朋友的陪伴就是一种巨大的力量。在他们做出决定后，给予尊重和理解。

如遇以下情况，请寻求专业帮助

难以缓解的焦虑状态

短时间的婚前焦虑是很正常的，大部分新人可以自行调整好。

但若他们出现胸痛、心悸、呼吸困难、头疼头晕、腹泻、尿频尿急等身体症状，或心情紧张、坐卧不安，注意力无法集中等情绪症状，导致学习或工作效率明显下降，对正常的工作生活产生影响，一定要予以重视。

长期（2周以上）的抑郁状态

如果他们在婚前表现出对未来失去希望，不期待婚礼，高兴不起来，精力减退或亢奋，自我评价过低，透露出自责或内疚感，出现睡眠障碍（失眠、早醒、嗜睡），甚至出现轻生的念头，一定要寻求专业的心理干预。

滥用酒精或药物

遇到问题时，偶尔小酌放松是可以的，但如果他们出现酒精成瘾、药物滥用这样的不良应对方式，会造成更多的严重问题，这时就需要寻求专业帮助。

写在最后

并不是每个人都能遇到完美的恋爱，然后顺利走入完美的婚姻，相反，大多数人都是在恋爱和婚姻中不断地探索和成长。

而抬脚迈入婚姻前，感到焦虑紧张是很正常的事情，我们需要做的是直面它，然后用一些方法缓解它，以此消除焦虑。

但如果你的婚前焦虑源自在备婚时的恍然大悟——“合拍的恋人不一定是适合的夫妻”，在这段关系中，似乎只有你一个人在朝着婚姻和谐的方向努力，孤掌难鸣，这时或许你应该思考的是，这段婚姻是否真的能带给你幸福。如果答案是否定的，那放弃也不失为一种更好的选择。

最后，祝愿作为准新人的你，能够和他一起克服焦虑，携手走向人生的下一个阶段。

被背叛：被信任的人背叛和欺骗

刘畅

每个被出轨的人，都有复杂而难以言说的心事。

那个说过会爱我一辈子的人，居然骗了我那么久！究竟我比那个人差在哪？是我的问题吗……

过往回忆历历在目，我该选择挽回还是分手？

发现被背叛后，你可能会在震惊时产生强烈的愤怒，进入自我怀疑的怪圈，或是开始纠结要不要离开这个人……种种情绪夹杂在一起，你难免会有一些情绪失控的举动，那就权当这是一种发泄吧。

但我希望你在稍稍平静后，读读下文的相关心理学知识，这些知识也许可以帮助你更好地渡过难关。

被背叛带来的情绪变化

"他怎么可以这样背叛我"：悲愤的情绪袭来

你可能早已注意到他的些许不同，怀疑他整日在做些什么，从他的语言中体会到了一些异样。

一些无意间的发现，会让你难以相信平日里说着甜言蜜语的他，竟然会做出这样的事情。确定他出轨时，你会悲痛、愤怒，想到自己平日里对他的好，想到那些美好的回忆，于是你更加难以抑制伤心痛苦，你会想："你这么对我，不怕遭天谴吗！"

你想扇他一巴掌，可是自己还是会感觉心疼、无助和无奈。

"我要揭穿他们"：心生报复念头

你可能会想报复，想让自己承受的痛苦一点一点地反加于他们身上。

"让我难受，你们也别想好过！"

心理学家认为，报复行为带来的结果可能是积极的，也可能是消极的。

报复确实可以减轻你心中的痛苦，但同时，研究者也发现，相比于其他人，具有高水平报复行为的人具有更高水平的负面情绪以及更低水平的生活满意度。这意味着，报复行为给你带来的情绪体验是无法确定的，所以报复行为可能并不是一种恰当的缓解情绪的方式。

"是我哪儿做得不够好吗"：错误归因，自我怀疑

放不下他的你，既想挽回他，又憎恨他的花心多情。你可能会陷入焦虑的旋涡，心想："会不会是我哪里做得不够好？

是我不够关心他吗，会不会是我的错？”

不过，这可能是一种错误的自我归因，因为我们在情绪化的状况下很难对事件进行理智的思考。

“我们究竟还有未来吗”：在原谅与离开中纠结

究竟该不该原谅他？他恳切地请求原谅，再三保证以后不会出轨了，此时我该相信他吗？你可能也会疑惑是不是过了这个坎，你们的未来就会一帆风顺。你想和他重归于好，可他的出轨已经给你留下了心结；你想彻底放手，却又感觉割舍不下。究竟该如何是好？

被伤害的你或许正经历上面这些悲伤与迷茫，但请一定相信，你可以通过很多办法走出这段阴霾。

下文会详细为你分析对方出轨可能的原因以及该如何走出阴霾，也祝福你能遇见更好的爱情。

他为什么会出轨

或许，思考这一问题是一件痛苦的事，这会让很多美好或痛苦的回忆涌上心头。但在真正解决问题前，我会建议你从以下几个方面进行思考，让自己更加了解你们的关系。

成长步伐不一致，年少时的合拍已不在

曾经那么合拍的两个人，如今却整日争吵，找不到爱情的

甜蜜。

心理学家认为，人的个性是会随时间、环境变化的，两个人的个性在漫长的岁月中可能会往不同的方向发展，时间一长，曾经的灵魂伴侣也不复存在了。如果两个人的发展像两条平行线般没有交集，心愈行愈远，又无法调整改变，到最后就会出现名存实亡的亲密关系。

负面情绪慢慢累积，磨灭了双方的爱

相处总少不了摩擦，而在缺少沟通的情况下，双方相处时的无力感和压力感更会增加。心理补偿作用理论认为，当一个人在某方面受挫时，可能会采取其他方式弥补自己原有的缺陷，以减轻不舒服的感觉。

所以，在这段亲密关系中感觉不到爱的人，更容易另寻新欢。

那个自带新鲜感的人，一下子闯入了他的心房

新对象的出现更能激发雄性生物的情欲动机与行为。

也有学者认为，度过了亲密的热恋期，双方的激情便会下降到一个惯性阶段，在这个阶段中，双方的激情水平会降低。

我们无法控制对方身边的男男女女是否出现，那些人带来的新鲜感，可能是你无法提供的。

他就是一个多情的人

遇见一个“人渣”又有什么办法呢？有些人相对而言更有可能出轨，研究发现，具有以下特征的人，出轨的可能性较高。

① 对出轨行为有较高的包容度。

② 自我效能感较高，对应对各种挑战充满自信。

③ 他身边的多数朋友可能支持他的出轨行为。

④ 对心中的信念不会长久地坚持。

⑤ 过去有过不忠行为的人。

⑥ 认为自己从未被欺骗。

虽然你没有一双识别“渣男渣女”的慧眼，也许这错误的选择让你痛苦万分，但相信这段经历可以教会你今后更冷静地选择爱情。

双方的主动权相差较大

当双方的主动权相差较大时，主动权较大的一方将更可能发生不忠行为。主动权相差较大意味着双方的相处模式是不平等的。他可能因此不把你当回事，不在意你的所作所为，你们的感情或许就像泡沫一般，一触就破。

我们可以做些什么

适当地倾诉和宣泄

发现他出轨后，你可能会觉得委屈、痛心，会在脑海中一遍遍地回想看到的“暧昧信息”，回想他说过的山盟海誓，直到这些情绪压在心头，你忍不住爆发了，才顿觉“我想哭，想逃，想远离这一切”。

当心理负担过重，出现“心理不平衡”“精神压力过大”或“控制不住自己的情绪”时，你会本能地寻找适当的活动方式把这些情绪宣泄出去，以维持心理的平和，消除精神的紧张。

例如，向他人倾诉可以帮助你排出心中的郁积，卸下沉重的情绪包袱。

了解两人感情的症结所在

冷静下来后，你可能会开始思考这段感情该如何发展。

你无法一口咬定出轨的人就该一棒子打死或者是可以被原谅的，毕竟每一段感情都是不同的，经历也是不同的。

你和他可以通过沟通评估你们的感情处于什么状态，出现了什么问题，有没有可能解决。

如果你处于婚姻中，也可以选择进行心理治疗、婚姻咨询，以此进一步了解你们的关系。

听听长辈、朋友的意见

如果在感情方面遇到了问题，你可以选择听听长辈、朋友的意见。

长辈、朋友或许更了解你是什么样的人，他们的反馈能帮助你更好地认识自己。

适当地咨询那些更了解两性关系或更了解你们的人，听听他们有什么看法。

要更珍爱自己

你要告诉自己：虽然这段感情中的创伤让我心痛，但这只是人生的一场经历。在往后的岁月中，你可以有更多的时间与自己相处，完善自己、珍惜自己。

千万不要因为感情创伤而产生“独身主义”“滥交”等偏激的想法，要相信，那个对的人正在来见你的路上。

如何帮助周围的人

给予他陪伴和倾听

你要倾听他的烦恼与痛苦，并且在倾听的过程中要注意以下几点。

① 不要以同情的姿态对待他，而要真诚地处理他的抱怨。

比如，鼓励他积极地应对，不要自暴自弃；告诉他未来还有很多可能，会遇见对的人；让他明白为那个出轨的人流泪是不值得的。

② 不要过度地“共情”，比如开口就骂出轨的人，或者和他一起谋划如何报复，这些做法完全是不可取的。

③ 可以从自身的经验出发，给予对方一些建议。

④ 身体姿势开放，微微倾向他，保持良好的目光接触。

制止他可能有的报复行为

被出轨后，他可能会产生报复的想法，你需要在他实施报复前制止他，因为报复可能会引发他更强的抑郁情绪。

帮助他客观地进行分析

我们可以通过客观分析，帮助他确定过去的感情中出现了什么问题。

你可以从以下 4 个方面入手，谈谈他们二人究竟是否合适：个性人品、物质条件、生理条件、双方是否相容互补。

具体来说，你可以通过他们相处时的模式状态，分析不忠的一方如何对待他的父母、朋友，也可以观察他被发现出轨后的态度如何，等等。

当然，这一切应该建立在他愿意主动谈起这段经历的基础上。

陪伴他度过艰难的时期

在这段时期，他会经历前所未有的孤独、寂寞，并对他人感到不信任。你需要让他知道你一直都在，会尽力帮助他解决困难，他还有你可以信赖，从而尽可能抚平他的创伤。

如遇以下情况，请寻求专业帮助

情绪极度不稳定、想轻生、自卑

你无法去除他的痛苦情绪，但如果他出现了过度的、过激的、持续时间很长的不稳定情绪，则需要引起充分的重视。

有强烈的报复意图

报复的确可以使他稍稍削弱其痛苦情绪，但也有可能引发更强烈的抑郁与焦虑。同时，报复会引发更多的社会矛盾。

如果你无法说服他放下心结，应该考虑尽量劝说他向心理咨询师寻求适当的心理疏导。

出现社交障碍

这段痛苦的经历可能会导致他对社交产生恐惧心理，他可能会害怕受伤，害怕重蹈覆辙，从而对感情麻木。情况严重时，应求助于心理咨询师，更好地帮助他进行调节。

被记忆困住

情节严重时，被出轨的他会表现出一些创伤后应激障碍（PTSD）的症状。

如果他对这段被出轨的经历有记忆错乱的情况或表现得极度消极、焦虑，很难集中精神思考，那么需要尽快寻求咨询师的帮助，及时对其进行疏导。

最后，我想告诉每一个在两性关系中挣扎的人，在爱里，最终的赢家，都是那些愿意付出真心和信任的人，请一定要相信，你可以遇见一个对的人，也不要质疑其他人爱你的心。

终有一天，我们会与更美好的爱相遇。

第 3 部分

中年危机

职业倦怠：工作又累又烦，想辞职了

张莹

每天起床一想到要上班就觉得烦，整天提不起劲来；连续加班两周了，事情还是没完没了，真的心累；觉得现在的工作又烦又没意思，时不时就想辞职……

在高压、快节奏的现代职场中，以上这些现象并不少见，心理学称其为“职业倦怠”。除了麻木地加班、吐槽和辞职，下面这些心理学知识或许能帮你缓解在职场上堆积已久的“负能量”。

“职业倦怠”是什么

虽然大多数人都会经历职业倦怠，但对于很多人而言，这却是一个陌生的名词。

在社会心理学上，职业倦怠包括以下 3 个重要表现。

① 情绪衰竭：活力匮乏，对事情提不起兴趣，这是职业倦怠最核心的表现。

② 非人性化：物化工作中的服务对象，冷漠待人、没有同情心等。

③ 低个人成就感：认为自己无法完成工作，工作没什么意义、无法从工作中获得满足感、不想做现在的工作又迈不出主动辞职的一步等。

虽然长期处于工作压力下会让人们对工作感到疲惫和厌恶，但是，这种疲惫和厌恶与职业倦怠仍有一些本质上的差别。

只有当我们长时间地连续面对过大的工作压力，而且还孤立无援、没有可倾诉的对象、没有人陪伴支持，也没有任何资源可以用来解决问题时，职业倦怠才会发生。

职业倦怠带来的身心变化

职业倦怠的症状表现有以下几个方面。

① 心理症状：你可能会感到压抑、愤怒、焦虑、沮丧和自我贬损等负面情绪，并出现认知下降、注意力涣散和心神不宁等现象。

② 生理症状：你的身体可能会长期处于亚健康状态。你可能会经常感到疲劳，出现失眠、头疼、恶心反胃、食欲不振和肌肉酸痛等亚健康状态，也会时常出现心理压力引起的疾病，如溃疡、肠道疾病、心率失调、内分泌功能紊乱、血压升

高和免疫功能低下等。

③ 行为症状：为了缓解超负荷的压力感，你可能会出现孤僻、具有攻击性、过分活跃、频繁吸烟、酗酒以及滥用药物等行为。

除了以上 3 方面的症状，对教师群体的研究表明，职业倦怠还会带来 2 个重大心理危害。

导致情绪和个性不稳定

职业倦怠对心理的影响是持续的、不断增长的。

它首先会导致心理活动、心理调节能力的不稳定，其次会带来情绪上的不稳定，最后会直接影响人们最核心的心理部分——个性。例如，原本性格积极乐观的人，在长期的职业倦怠的影响下，可能会变得消极冷漠，像改变了性格。

影响自我认知，形成恶性循环

在长期无法调整的超负荷工作下，你可能会发现自己渐渐力不从心、疲于应付，进而对自己的工作能力产生怀疑甚至否定自己，认为自己很差，失去信心。

在这种情况下，你的工作业绩可能也会不断下滑，这使压力进一步加大。最后你可能会通过过量饮酒等方式来缓解压力，这样既伤害了身体，也没办法停止自我批评，会使自信心进一步下降。

所以，不要以为职业倦怠不要紧，拖拖就能好。

职业倦怠的影响因素

职业倦怠的影响因素主要集中在两个方面：自身原因和外部原因。

以下几种人的职业倦怠程度有可能更高。

① 受教育程度较高：他们的职业倦怠可能来自能者多劳而产生的疲惫感，以及自我期望过高带来的打击。

② 情绪不稳定：他们过于感性，容易感到焦虑、抑郁或脆弱。

③ 有 A 型行为：他们竞争意识强，对他人充满敌意，抱负不凡，易紧张和冲动。

④ 外控型：他们认为自己被外部环境中的各种因素掌控，自己无法掌控命运。

⑤ 对工作期待太高：他们对工作的态度过于理想主义，期待太高，脱离现实。

我们也发现，良好、稳定的婚姻情感状态，能帮助人们减轻职业倦怠的影响。

除了个人原因，工作本身的相关因素也与个人职业倦怠的产生紧密相关，例如工作负荷过重、在工作中缺乏自主和权威、报酬低、个人和公司的价值观差异大、工作角色冲突和模糊、不适应领导者风格、缺乏反馈、缺乏决策权等。

值得注意的是，以上这些工作因素，往往是引起职业倦怠的根本原因。人再好，规章不健全，也容易出问题。

我们可以做些什么

工作是每个人人生的重要组成部分，大多数人和自己的工作打交道的时间比与最亲的家人相处的时间还多。

工作本身关乎我们的收入和社会地位，而职业倦怠更会影响我们的身心健康。对职业倦怠的缓解不容轻视。

面对职业倦怠，我们可以这样做。

改变对自身和工作的认知

调整好对自己的期待和要求，可以减少因为“不恰当的期待”“工作中的失败”而产生的职业倦怠。

用更加积极的方式解决问题

比起逃避，直面问题并且尝试用新的角度解决工作上的难题，可能更有利于缓解职业倦怠。

成为一个“内控”的人

“内控”是指，把失败的原因归结于我们可以控制的因素。例如，我们可以用更努力的方式解决问题，而不是唉声叹气地抱怨他人。

更积极地表达自己的意见

职业倦怠与工作环境息息相关。如果觉得仅靠自己的能力无法解决问题，我们可以试试让周围的人听到我们的声音，为我们争取更多的理解、支持和改善环境的机会，这可能会让情况发生好转。

合理的饮食和锻炼

合理的饮食和锻炼有助于我们在职业倦怠的冲击下缓解压力，提升身心健康。

寻求专业的帮助

在专业的指导下，进行一些放松训练、压力管理、时间管理、社交训练等，有助于缓解职业倦怠。

组织（公司/部门）可以做些什么

如果你是公司的管理层，那你需要意识到，职业倦怠不仅不利于员工的发展，对公司的工作氛围和效率也会有严重的消极影响。并且，在实际工作中，那些无法控制的工作因素，往往才是引起职业倦怠的根本原因。

因此在工作中，你需要尽可能地做以下调整。

明确工作角色、责任和任务分配

你要让每个员工清楚自己在公司中的定位和职责范围，进而更加有方向、有目标、有边界地投入工作。

提供建设性的反馈和意见

在日常与员工的工作接触中，你要把工作反馈的重点放在问题的改善和解决上，而非单纯地批判和数落。

接纳员工对工作的改进意见

员工是工作任务的执行人，他们更了解具体的实践情况，而再好的理论设想也需要结合实践情况来调整。

让员工了解自己

在评定工作业绩时，你要把员工的优点、缺点、贡献和失误放在重要位置，这能帮助员工全面了解自己的优缺点、贡献和失误，知道哪里还有提升的空间，让员工保持良好的状态。

提供与工作相关的训练和信息

你可以为员工们提供专业的员工帮助计划（Employee Assistance Program，EAP）服务，让其对职业倦怠有一个正确的了解和认识，这也有助于职业倦怠的预防和解决。

如何帮助周围的人

如果你的亲朋好友或同事正处于职业倦怠中，请你给予他们理解和支持，这对其缓解职业倦怠有帮助。

这里的支持包括物质上和精神上的帮助，包括在对方压力大的时候听他倾诉，给予他理解。甚至，你可以分享一些自己遇到类似问题时的处理方式，给他提供参考。这些都能有效提高他的社会支持，进而降低他的职业倦怠。

如遇以下情况，请寻求专业帮助

严重的抑郁状态

严重的职业倦怠可能会让人处于严重的抑郁状态。

强烈的焦虑状态

适度的焦虑可以让人更好地调节自己来适应环境，但长期的、严重的焦虑则会加重职业倦怠，影响人的正常生活，甚至引起心理和身体疾病。

写在最后

职业倦怠是一把双刃剑，一方面，它的出现给了我们一个提示，让我们进一步了解自己、调整自己，并对现有的工作进行思考。

另一方面，正如文中所说，职业倦怠受到工作因素本身的影响巨大，如果你长久且积极地努力改变现状却仍旧原地踏步，离职或许也是一个不错的选择。

有时，问题真的不在你。请善待自己，去寻找一个更适合自己发光发热的地方。

关系倦怠：关系越来越淡，这份感情还有救吗

史雨青

两个人在一起久了，每天面对琐碎的家务事，新鲜感和惊喜会日渐减少，甜蜜的互动也可能许久未见，你不得不承认：你们的感情越来越淡了。

你可能会渐渐感到疑惑，和他在一起究竟是因为爱情，还是因为习惯？你或许也会开始质疑，少了激情和新鲜感的感情，该不该坚持下去？

当关系中出现以上问题时，你们的感情很可能出现了所谓的“关系倦怠”，它会降低你们对生活的满意度和幸福感，甚至会导致关系和婚姻的破裂。

那么，你们应该如何应对呢？

浪漫与激情的消退就是关系倦怠吗

什么是关系倦怠？关系倦怠是亲密关系中幸福感下降、出现后继问题的前兆。

不同于发生争执或被背叛时的痛苦，关系倦怠带来的感受常常是“没有乐趣”或“没有情绪波动”，而非斩钉截铁地认为“这是一段不好的经历”。

但没有强烈的情绪波动并不代表它不值得重视。

关系倦怠常常出现在浪漫与激情消退后，而浪漫与激情的消退几乎是必然的。

研究者鲍迈斯特认为，亲密关系的提升会激发强烈的激情。热烈而富有激情的爱可能会持续几个月甚至一两年，但难以永远维持下去。当亲密关系稳定时，激情就会相对减少。

浪漫爱情的激情会因以下几个原因随着时间而减弱。

①“他不过如此”：幻想和理想化能促使浪漫产生，但熟悉能使人更现实、更毫无保留地审视对方。

②“好像没有以前那么有新鲜感了”：新鲜感为新确立的爱情关系注入了兴奋。但随着两个人日渐熟悉，新鲜感慢慢消失，亲吻不再有初吻时的激动，你们也难以为习以为常的爱人而魂牵梦绕。

③“好久没对他有心跳的感觉”：情绪会受到生理反应的影响。例如，脉搏加快、呼吸急促等生理反应会使人们感受到伴侣带来的激情。但人们不可能永远保持紧张的激动状态。在爱情里，即使熟悉的伴侣一如既往地完美，大脑也难以持续产生足够多的多巴胺，让人们一直处于愉快的状态。

浪漫与激情会日渐消退，虽然在很多爱情关系中激情不会完全消失，但难免会明显减少。这个时候，你们可能会开始争吵，感情变得冷淡，其中有些人会选择离开现有的伴侣，寻找新的爱人体验浪漫。

然而，这必然意味着幸福的终结吗？

爱情如果经得住考验，那么在激情减少后，会发展为一种平和而稳固的形成：伴侣双方相互理解并且关心对方，这种形式的爱情被称为“相伴之爱”。

但很多人在激情消退后，很难进入相伴之爱，他们可能会走向冷淡，出现关系倦怠。

心理学家辛西娅·费希尔（Cynthia Fisher）将倦怠定义为一种并不愉悦的感受：在经历倦怠时，个体会对周遭事物缺乏兴趣，并难以将精力集中于当前事物。当倦怠在亲密关系中出现时，人们对与伴侣的互动不再感到兴致盎然，甚至难以集中精力。

在最初的激情消退后，人们会处在一个关键的拐点：左边是温馨的相伴之爱，右边是麻木的关系倦怠，直到关系的结束。相伴之爱平和而温馨，关系倦怠却并不令人愉悦。

那么，当出现关系倦怠甚至情感可能破裂时，人们可以做些什么？

怎样维系和修复爱情

心理学家斯滕伯格曾说："亲密关系是一种构建，如果（爱情）没有得到维持或改善，就会随着时间消退。我们有责任创造爱情关系的最佳状态。"用心经营亲密关系才能使双方彼此亲近，并获得更长久的满足感。那么，我们可以从哪些方面着手维系和修复爱情呢？

"你做饭，我洗碗"：在关系中维持一定的公平

在 9 种人们认为属于成功婚姻象征的事物中，"分担家务"排在第三位，仅次于"忠诚"和"幸福的性关系"。

在爱情中，双方越是感觉彼此在爱情中被公平对待，越有可能享受持久的爱情。相反，在感情中感觉被不公平对待，可能会导致关系更紧张，双方在矛盾和冲突中消磨掉浪漫。

爱是给予与获得之间的平衡，伴侣双方可以一起合理分担感情中的责任，例如做饭、做家务、经营家庭、陪伴和照顾孩子等，公平地尽责有助于维持亲密的关系。

"这句话让我很难过"：和他相互进行自我表露

在亲密的爱情关系中，我们能够真实地展现自己，并且从中知道自己是被接受的，这种"向别人表露个人信息"的过程被称为自我表露（self-disclosure）。自我表露有助于维系一段良好的关系，对于积极事件的自我表露能给彼此带来喜悦感。

例如，今天和你出去玩真的让我很开心，我很喜欢这样和你在一起。同时，人们会更加喜欢愿意向自己自我表露的人。

经常敞开心扉的夫妇或情侣的关系满意度更高，而且更容易保持长久的感情。

一般来说，那些认为“自己或伴侣会与彼此分享自己最隐私的感情和想法”的夫妻，对婚姻的满意度较高。

因此，亲密地自我表露以及鼓励对方进行表露，都不失为一种维系关系的好方法。

“一起去徒步攀岩吧”：一起去参加有趣的活动

爱情满足了人们拓展自我的欲望。

在关系的最初阶段，当人们与新的伴侣共享活动、记忆、资源与社会身份时，自我拓展进行得很快，这样的自我拓展能让人开心，也有积极的影响。但随着伴侣双方越来越熟悉，自我拓展开始放缓，这导致了双方对这段关系满意度降低以及关系厌倦。

在这个时候，共同进行新奇有趣的活动，可以让人们体验到不断更新的自我拓展和更高的关系质量。尤其在一年以上的关系中，自我拓展的速度逐渐放缓，共同进行有趣的活动更有助于维持关系满意度。

而比起舒适的活动，进行刺激的活动，比如滑雪、攀岩、跳舞等，更有利于维持关系满意度。

当感情出现问题或面临挑战时，关系咨询（relationship counseling）可以为希望解决问题的伴侣提供帮助。感情问题越早处理，就越容易解决，而等到彼此的痛苦加深时，问题就会难以逆转。

关系倦怠像一种慢性疾病，它不像激烈痛苦的急性病那般容易引起重视，一旦防治不及时，所造成的危害同样是巨大的。

如遇以下情况，请寻求专业帮助

如果以下这些微小的信号出现，意味着你可能需要婚姻咨询师的帮助了。

伴侣双方不再交流

交流与沟通的频率大大降低后，伴侣难以维系良好的关系，而婚姻咨询师可以提供促进双方交流的新方法。

伴侣双方只进行消极交流

消极交流的表现是，让其中一方感到被评判、羞愧、被羞辱、不安全，或者想要从这段谈话中脱身。除了沟通的内容，消极交流也包括沟通的语调，毕竟讲的方式有时比讲的内容更重要。

消极交流和非言语交流一样，有可能逐步恶化，成为情感虐待。

伴侣双方不愿提出关系中的问题

关系中的问题可以包括极不合理的性生活、经济与金钱、令人讨厌的小习惯等，而对于这些问题你或者你的伴侣已经不愿意再提出了。

伴侣双方总是喜欢保守小秘密

诚然，每个人都有自己的隐私，但当你们不再向对方透露自己的生活与一些秘密时，可能预示着关系出现问题。

一方或双方想要出轨

一方或双方会幻想自己有外遇，这预示着一方或双方对当前关系的厌倦，想获得与当前这段关系不同的事物。

伴侣双方貌合神离

伴侣双方不一起做每件事，不代表关系陷入困境，但是缺乏交流与沟通以及亲密的互动可能意味着问题的出现。

当出现以上一种或几种情况，并且对此无能为力时，请及时寻求咨询师的帮助。

写在最后

双方共同的努力对维系长期的爱情至关重要，这种努力不只与爱情有关，还包括自我的完善与成熟。

心理学家艾里希·弗洛姆（Erich Fromm）曾在《爱的艺术》一书中这样阐述爱情：

“爱情不是一种与人的成熟程度无关、只需要投入身心的感情。如果不努力发展自己的全部人格并以此达到一种创造的倾向，那么每种爱的尝试都会失败。

“如果没有爱他人的能力，如果不能真正谦恭地、勇敢地、真诚地和有纪律地爱他人，那么人们在自己的爱情生活中也永远得不到满足。”

所以，让我们和我们的伴侣一起不断努力、克服倦怠，在相伴之爱中互相支持、共度一生吧。

亲子危机：孩子叛逆少言

郭旭东

随着孩子的成长，你可能慢慢发现孩子离你越来越远，他们的叛逆少言可能让你感到："这个孩子白养了，一点都不理解我的苦心""我真没用，连孩子也不愿意搭理我了""他为什么变成这个样子，他以前不是这样的"。

你感觉自己似乎遭遇了背叛，你感到愤怒、沮丧甚至失望，很多人都产生过这样的想法，以下这些心理学专业知识可以帮助你理解亲子危机，找到解决方案。

请相信，痛苦可以分担，问题也会解决，你和孩子的关系也终会向着更成熟的方向迈进。

为什么孩子会叛逆少言

伴随着生理和心理上的成熟，青少年对独立自主的需求越来越明显。他们开始主动寻求独处的时间，并通过独处思考来完成个体化及自我同一性阶段的发展任务。与儿童相比，青少年主动争取独立自主的意愿更加强烈，并且会从中获得积极的情绪体验。

在青少年的成长过程中，父母也会逐渐适应和满足青少年独立自主的需求。研究表明，儿童表现出的对独立自主的需求往往难以被父母接受，但是成年人的独立自主则会被视为具有适应功能。这说明父母关于孩子需要独立自主的态度和看法会在孩子青春期时发生改变。但是在转变的过程中，父母和孩子都需要相互适应种种改变，例如冲突变得激烈、沟通时间减少、亲密程度下降。最终亲子关系会从“亲密无间”转化为“相对独立”的状态。

可见，处于青春期的孩子普遍会出现叛逆、与父母沟通少的现象。如果孩子叛逆和少言的程度较高，则可能是由于以下原因。

亲子沟通出现问题

亲子沟通是亲子间最具体和最直接的互动，通常以具体的沟通内容（如学业、同伴关系）为载体。在沟通过程中，如果父母能够多运用解释、澄清和合理回应的方式进行沟通，并通过开放、直接、不带威胁性和防御性的方式表达自己的观点，沟通会变得频率更高、质量更好。反之，批评、惩罚、先入为主的判断等沟通方式则会影响亲子关系，导致孩子逐渐变得沉默叛逆。

然而，在某些阶段，亲子沟通确实面临客观挑战。已到中年的父母正处于压力较大的时期，这段时间他们要满足青少年独立自主的需要，解决自己身为中年人面对的人生议题（关于婚姻和事业），以及帮助老年人适应退休和面对死亡。此时，青少年也面对着自己的压力，如自我同一性阶段的发展任务、逐渐增加的学业压力等。这些压力会让双方倾向于站在自己的角度评价和要求对方，很难共情和理解对方，严重影响亲子沟通的质量。

亲子关系成为家庭问题的“替罪羊”

在有些家庭中，夫妻之间可能会通过孩子表达和解决一些尚未解决的矛盾。例如，妻子觉得应该让孩子上重点初中，丈夫则觉得上附近的普通初中也可以，夫妻之间就会存在矛盾。这个时候妻子可能会过度要求孩子认真学习，通过拉拢孩子的方式来对抗丈夫；并且夫妻之间的争吵可能也会围绕孩子展开，而这可能会让父母更容易产生误解——“孩子是夫妻矛盾的源头”。这种误解也会潜移默化地影响亲子关系。这些不健康的亲子互动，也会给孩子带来伤害，导致孩子逐渐变得叛逆少言。

孩子叛逆少言带给父母的情绪变化

“我养了他这么长时间，现在什么事也不和我说”：距离感

孩子的叛逆少言会让父母感受到与孩子之间的距离感，感到伤心，甚至感到被背叛，不明白自己的付出为何会导致如此糟糕的结果，感到自己的心血都打了水漂。

“我真差劲，连孩子也不和我好了”：无价值感

孩子的变化可能会让父母自我否定和沮丧，认为自己付出这么多，最后却一无所获，连曾经和自己无话不谈的孩子也开始远离自己。这会让父母感到抑郁，认为自己没有价值。

“你怎么可以这个样子”：愤怒

亲子危机可能也会让父母对孩子产生愤怒，他们会愤怒于孩子不懂感恩、不懂理解自己的辛苦，觉得自己好像养了一只“白眼狼”。

“我以后该怎么办呀”：担心、焦虑

当父母感到孩子在逐渐与自己划清界限时，他们可能会担心、焦虑自己是不是真的做错了什么，会担心其他家人（如自己的伴侣）是否对自己有同样的看法。

我们可以做些什么

照顾好自己

我们可以向信任的朋友、家人倾诉，或者通过写日记的方式记录自己的想法和感受。宣泄情绪有利于舒缓身心，以便我们更好地面对生活。

我们可以转移注意力，不要一直将注意力放到孩子身上，这样会让亲子关系变得紧张。我们可以尝试做一些自己喜欢或擅长的事情，例如烹饪、读书等；或者参加一些社区活动、志愿服务、团体活动等，给自己一些生活的空间；或者做一些让自己开心、放松的事情，如看看喜欢的电影、电视剧或者和朋友出去放松、聊天等。

我们可以借助亲子关系的变化，重新认识自我。在孩子比较小的时候，我们可能和孩子是“一体”的，现在孩子长大了，开始寻求独立自主，或许我们也应该意识到自己不只是妈妈或爸爸，还可以是我们自己。我们可以尝试做一些活动来重新认识自己，包括发展自己的工作、开始新领域的学习、培养新的兴趣爱好等。

我们可以接纳不完美的自己。有些时候我们可能会反思：为什么我会对孩子发这么大脾气。我们会发现其实孩子没有做错什么，错的反而是我们自己。我们可能会感到沮丧，会再次严格要求自己，一定要做个“好爸爸”或“好妈妈”。我们之所以对自己的要求这么高，可能是因为希望让孩子得到很好的照顾，不要拥有和自己一样的童年。但请相信，当我们对自己有严格要求的时候，当我们不断学习如何当一个“好父母”的时候，我们就已经做得很好了，我们并不需要事事做到完美。过度追求完美反而会引发问题，接纳不完美的自己也会让亲子关系更加和谐。

适应与孩子相互独立的亲子关系

一方面，我们要满足孩子独立自主的需要；另一方面，我们也可以开始关注自己独立自主的生活。在这期间，我们需要重新审视亲子关系。

（1）避免让孩子替代自己完成梦想

很多时候，父母对孩子严格要求，可能是因为把孩子当成自己的一部分或延伸，希望通过孩子完成自己未完成的事情。例如，父母因怀孕、照顾孩子等事情不得不延缓事业发展，因此他们可能会希望孩子能够努力学习，完成自己的梦想。

父母可以尝试反思自己在亲子关系中是否存在这种想法，也尝试通过自己的方式弥补遗憾，解决自己的人生议题，请相信，现在开始也不算晚。

（2）避免孩子卷入家庭矛盾

“你可千万别像你爸一样不求上进”“我对孩子这样是对他好，你懂什么”，这些话源于夫妻矛盾和父母一方对另一方的失望，但是这种未解决的矛盾可能会转移到亲子关系上，促使父母逼迫孩子努力学习，达到自己的要求，这些说法、做法都会影响亲子关系。

家庭中一般包括夫妻、父子、母子三种关系，这三种关系应该是相互独立、互不影响的，夫妻矛盾要在夫妻间解决，不要牵扯孩子，夫妻也不要拿孩子撒气或让孩子当替罪羊。

我们可以尝试具体化自己的想法、情绪，找到自己对孩子产生各种情绪的原因。例如，如果我们因孩子不好好学习而生气，就可以进一步分析产生这种情绪是因为孩子没有达到自己的要求（对孩子的愤怒），还是因为觉得伴侣没有尽到监督孩子学习的责任（对伴侣的失望）。夫妻二人需要识别内心的感受，减少对孩子的迁怒，避免孩子卷入夫妻矛盾。

（3）建立适当的边界

在开始建立边界时，我们可能会遇到很多困难，比如担心孩子无法应对外界的挑战，但请相信，建立适当的边界有助于青少年的自我成长，也有助于亲子关系的稳定和谐。

我们要尝试倾听和理解他们，也可以给出建议和想法，但不要替他们做决定和执行，相信他们自己可以承担责任与后果。

改变亲子沟通方式

（1）关注孩子的内心需要

可能在过去很多时候，亲子之间的沟通内容都是围绕学习展开的，例如“作业写的怎么样”“今天考试有没有进步”；但随着青少年的学业压力越来越大，这些问题可能会让他们感到厌烦，也更容易让亲子关系变得紧张。对此，我们可以扩展一些话题，和孩子聊一些他们想说的内容，倾听他们对一些事情的看法和他们的各种情绪，把孩子当成一个独立自主的人，让聊天更轻松、更有趣。

（2）尊重孩子

孩子叛逆少言，可能是因为父母没有给予孩子理解和尊重。例如，孩子说自己很喜欢一个女生，但是不知道该怎么办。这时，我们如果说“好好学习别早恋”，这个话题就被终结了，孩子自然也不会愿意再多说什么。但如果我们能够多听他聊聊自己的想法，不急着否定，也许会发现他并不是想谈恋爱，可能只是有点困惑、犹豫或不知道怎么办。

另外，我们应该尊重孩子的隐私、兴趣爱好以及对自己生活的选择。

（3）看到孩子积极的一面

看到孩子积极的一面和夸奖相似，这种夸奖要具体。例如，我们要夸奖他“你的字写得越来越好了”，而不是“你的成绩越来越好了”。这种夸奖要能让孩子感受到我们的真诚和关注，这能促进孩子的自我肯定。这种夸奖要更多地关注他在过程中的成长，而非总通过结果评价他做得好不好。夸奖、鼓励要适当，不能过分夸大，同样也要让孩子感觉夸奖不是在走形式、敷衍，而是在表达对孩子的真诚态度和关注。我们应该用发展的眼光看待孩子，在孩子遭遇挫折的时候，不要只去找他的问题，也要看到他在其中做了什么。例如，孩子学习成绩不好，但是很努力，我们不要总说“你应该找对学习方法，你应该做这个做那个”，而是要告诉孩子，自己也看到了他的努力，感受到了他的坚持，相信他最终是可以解决问题、取得好成绩的。我们只有看到孩子身上积极的、有力量的部分，才能真的相信他能做好每件事情。

（4）避免唠叨

“爸妈天天唠唠叨叨的，和他们说话就烦”，父母经常唠叨很可能让孩子感到烦躁、愤怒，让孩子更不愿意与父母沟通。那么我们为什么会唠叨呢？很多时候是因为我们担心孩子，担心他会受伤、会犯错、会出问题；也可能是因为我们要缓解自己不被关注的情绪，因此会下意识地重复说一些话，希望得到更多的反馈。

想要减少唠叨，我们可以尝试改变自己的想法，尝试在一些时候让孩子自己做选择，让他们承担自己选择的结果，而不是总要求孩子按照我们的想法做事。我们要相信他有自我反思、自我疗愈的能力，相信他依靠自己可以做得更好。你也可以尝试和孩子或其他家庭成员沟通，告诉他们你的想法，表达你需要被关注的诉求，通过改善家庭关系减少唠叨。你还可以尝试定期举行家庭会议，保证你所说的内容其他人都能听到，同时也听听其他人的反馈，共同制定家庭的规则秩序。

慎用惩罚，正面管教

当孩子出现叛逆行为时，我们不要急着惩罚，而要了解孩子的内心需要。

很多时候孩子的叛逆行为，既可能是一种尝试、一种成长所必需的练习、一种自我探索方式，也可能是对父母的反抗或吸引注意的方式。直接惩罚孩子的叛逆行为可能会让孩子感到困惑委屈、不被理解，甚至可能会增加孩子的叛逆行为。我们如果能够和孩子真诚交流，了解孩子行为背后的原因和诉求，可能会找到比惩罚更好的解决办法。

惩罚的使用需要注意时机、力度、标准、环境。

惩罚的目的是告诉孩子这个行为不合适，而不是发泄自己的负面情绪。惩罚要注意时机，要在问题行为发生时立即惩罚，明确告诉孩子“你的这个行为需要被惩罚，这个行为是错的，但你被惩罚了并不代表你是不好的”。惩罚要注意力度，惩罚最重要的目的是减少孩子的不良行为，而过重的惩罚会激起孩子的叛逆，让孩子感受到愤怒、怨恨，这不仅会让孩子不去改变行为，还会让他想着怎么做才不会被发现。惩罚的标准要一致，不能因为情绪起伏而随意改变惩罚力度。惩罚的环境要安全，最好是在家里，不要有外人，否则会让孩子没有面子，让他感受到羞耻、愤怒，不利于产生好的惩罚效果。

亲子危机不一定是一件不好的事情

危机是风险与机遇并存的，通过亲子危机，我们或许可以重新调整亲子关系，看到更好的自己。

成为更好的自己

亲子危机会让我们重新认识自己，看到自己不仅是“爸爸”或“妈妈”，还是我们自己；在与孩子的互动中，我们可以看到原生家庭对自己的影响。重新认识自己，会让我们理解自己、接纳自己，成为更好的自己。

成为更好的父母

亲子危机会让我们意识到之前在亲子沟通和亲子互动中存在的问题。这些问题可能是过于亲密、没有边界，可能是只注重孩子的学业而缺少情感互动。而经过亲子危机带来的反思与成长，我们也将学会在之后的生活中，更好地与孩子沟通、互动，成为更好的父母。

拥有更健康的家庭

亲子危机也会让我们意识到家庭的运转方式，意识到每个家庭成员在这个过程中扮演的角色和互动方式，让我们有机会构建一个有边界、有互动、互相支持的健康的家庭。

如何帮助周围的人

作为伴侣

① 给予伴侣更多陪伴与支持：亲子危机会让他们感到孤独和沮丧，你需要倾听、理解他们，这会让他们感觉被支持和被照顾，这是对他们最大的帮助。

② 尝试与伴侣形成夫妻同盟：在解决亲子危机的过程中，首先要和伴侣站在一起，即使你觉得这件事孩子没有做错，是伴侣的问题，也请单独和伴侣讨论其中存在的问题，夫妻双方需要就问题达成一致，再和孩子沟通交流。你要让伴侣感受到，你是想帮助他的，是支持理解他的，而不是和孩子站在另一边共同反对他的。

③ 尝试与孩子交流：孩子表现出叛逆少言，既可能是因为不能理解父母的某些要求，也可能是因为对父母感到失望或愤怒。这个时候你需要倾听、理解孩子的需求，缓解孩子的情绪，之后也要对伴侣的要求做一些解释，缓和亲子关系。

作为朋友

① 支持和陪伴仍然是最重要的。

② 分享自己生活中遇到的亲子关系问题，让他感受到他遭遇的问题并不是他独有的，而可能是普遍存在的；也可以针

对这些问题相互支持、提建议，帮助他们更好地解决这些问题，也让他们感受到支持。

③ 陪他们做一些他们想做的事情，比如运动、参加一些活动或出去散散心，这样可以帮助他们转移注意力，放松心情，感受快乐，看到不一样的自己。

如遇以下情况，请寻求专业帮助

① 程度较重、时间较长的心情低落、焦虑，影响了生活中的饮食（吃不下或吃得过多）、睡眠（失眠或睡眠质量严重下降），对什么事情都没有兴趣，工作时难以集中注意力。

② 感觉自己没有价值，经常责怪自己不是好父母，有伤害自己的念头。

③ 这段经历已经严重影响正常的生活、工作、学习和人际交往。

④ 为了缓解痛苦和转移注意力，出现网络成瘾、过量饮酒等情况。

孩子变得叛逆少言，亲子关系出现危机，孩子感觉自己不被理解，父母也感觉自己的付出不被理解，出现这些情况或许不是因为任何一方的过错，只是亲子双方在互动、沟通的方式上出现了问题。

虽然在这段关系中，双方互相有埋怨、有愤怒，但内心的爱与对被对方理解的渴望仍将双方紧紧联结在一起。请相信，这些爱可以支持我们走过这段危机，帮助我们和孩子共同成长和改变。

第 4 部分

老年期

退休：社会不需要我了

常园青

退休了，感觉自己老了，感觉社会不再需要我了，我是不是没用了？

退休了，挣的钱比工作时少多了，感觉对家庭的贡献也变小了，我是不是没有价值了？

退休了，工作时的很多伙伴就不再联系了，自己的社交圈子也缩小了，不想每天待在家里，我可以做些什么？

即将退休或已经退休的你，可能常常会遇到上面这些问题，并且不知道如何处理。

退休是生命中最重要的人生历程转折点之一，我们希望下面的心理学知识能够帮助你更好地应对即将到来的退休生活。

退休带来的情绪变化

退休意味着社会角色发生重大的变化，人们与工作相关的角色将会逐渐消失，与家庭相关的社会角色则会更加凸显（如祖父母）。因此退休也被认为是成年后期生活中重要的生命历程转折点之一，在这个阶段，我们要完成成年后期最重要的发展任务。

每个人在即将退休和退休后的情绪、心态甚至行为的变化是不同的。

即将退休时，如果我们精力不济，我们可能会想："啊，我终于要退休了，终于可以放松下来，好好过一过自己的生活了，也终于有时间追求自己的兴趣爱好了……"如果我们精力尚可，我们也可能会这样想："我觉得我精力还不错，为什么就要让我退休呢？我还可以继续为祖国做贡献。"我们也可能会想："我马上就要退休了，但我根本没有做好准备应对退休以后的生活，我的社会圈子会不会变化，我的朋友会不会变少，我会不会越来越跟不上社会的发展……"

如果我们已经退休了，我们可能会遇到以下情况。

"退休生活很有趣啊，每天可以以自己想要的、感到舒适的方式从事自己的兴趣和爱好，也不用承担上班的压力，可以通过参加兴趣班认识好多新的朋友，多么有意思。"

如果可以这样想，那这部分人在退休后往往会适应得很好。

但我们退休后也可能有一些负面想法，比如下面这些。

"退休生活好无聊、好孤独啊，上班时虽然累，但一天的生活是很充实的，下班了还可以和同事们一起聊天吃饭，而现在退休后只能待在家里，同事圈子没有了，其他的社交圈子还得重新建立，整天就是家—超市 / 菜市场，晚上也就出去跳个广场舞，好怀念工作时的充实……”

“退休后就得在家带孩子了，可是我和老伴很想一起出去玩，年轻的时候没时间、没钱，现在好不容易退休了，却还得在家带孙子（女），和孙子（女）相处得好还好说，相处得不好还容易和子女产生矛盾……”

“退休后感觉自己老了，不中用了，以前工作时，自己是家里的顶梁柱，我一说什么话，家里人都是听的。现在退休了，感觉我说句话，大家都爱搭不理的，可能都看我不工作了，不能赚钱了，觉得我没用了，真是‘人走茶凉’……”

由此可见，每个人在退休前、退休后的情绪变化都不尽相同。尽管人们大多认为退休是一个压力性事件，但越来越多的研究也发现，退休具有非常明显的个体差异。最近的研究发现，退休对人们也有好处，比如工作压力的减小和心理健康状况的改善。此外，研究也表明，退休是否带来积极影响会受到个体对退休后的自由时间的安排、新的社交网络的形成和参与等因素的影响。因此，退休对我们有着怎样的影响，取决于我们如何看待和适应退休。

我们可以做些什么

如果你在退休前后出现不适，我们希望下面的方法能帮你更好地适应退休生活。

提前为退休生活做好规划

从进程上来说，退休一般分为 3 个阶段，即退休规划与退休准备阶段、退休决策阶段、退休转折与退休后的调适阶段。

在退休规划阶段，我们要和家人、朋友等讨论如何为退休后的生活做准备以及如何更好地应对退休后的问题。

研究发现，退休规划是影响退休后能否顺利适应的关键因素。换句话说，我们能否顺利地适应退休后的生活，在很大程度上取决于我们是否在退休前就充分考虑了退休后的经济需求、心理甚至生理的变化，是否为这些可能的变化做了充分的准备。具体的退休规划包括以下几个模式。

活动规划模式，即退休后我们既可以选择继续从事有薪水的工作，也可以选择从事志愿服务活动，还可以进行休闲活动，这些活动均有助于退休者的身心健康，提升退休满意度。但需要注意的是，我们选择参与的活动一定是我们自愿参与的，是符合我们个人意志的。

经济规划模式，即退休后计划进行的经济行为，比如我们可以提前为退休后的生活购买保险，可以提前储蓄，也可以从事投资活动。在做经济规划时，我们需要注意经济活动的风险性和我们自身的风险承受能力。

关系规划模式，退休改变的不仅是生活方式，更重要的是关系和自我感，尤其是家庭关系，包括婚姻关系和子女关系。有研究发现，比起一方先退休，夫妻同时退休对个体而言是更好的选择，这是因为配偶可以为个体提供资源，包括陪伴和社会支持。

积极改变认知

不可否认，很多人在退休后都会觉得自己已经老了，不被社会需要了，有这样的想法是很正常的。但是，我们同时必须意识到这样的想法不利于退休后的心理调适，这些想法可能会加剧退休后的负面情绪。一项针对抑郁症群体的研究发现，对那些持有消极的自我老化态度的个体来说，退休后的抑郁症状是不断增加的，而那些有积极的自我老化态度的个体的抑郁症状在退休后则没有显著增加。因此，虽然我们已经退休了，但退休并不意味着我们老了，年龄只是个数字，并不能代表什么，我们仍然可以做很多事情，而且是以更加自由的方式。

积极参与志愿服务活动

退休后，我们需要重新组织活动，重新安排休闲时间。参与社会活动有助于我们在退休后的日常环境中保持时间的结构性、有序性和连续性。参与志愿活动和其他休闲活动的不同之处在于，志愿服务活动可以为维持个体的自尊和社会地位提供更多的机会。此外，个体加入志愿服务组织，也可以获得更多的社会资本，比如北京市已于 2022 年 6 月正式实施养老服务时间银行，即低龄老年人可以通过为更年长的老人提供帮助以储蓄时间，待到自己成为更高龄老年人后，就可以享受相应的免费服务，为自己以后的养老生活积蓄更多的资源和社会支持。可见，积极参与志愿服务活动既可以实现我们的价值，也可以为我们以后的生活积攒更多的资源。

活到老学到老

退休后，我们会有更多属于自己的时间，我们可以利用这些时间积极学习。研究发现，参加老年大学可以提高退休人员的人际交往频率和质量，为重新接触社会提供一个非常好的途径，让我们不至于与高速发展的社会脱节。老年大学的课程（如网络技术学习等）也有利于提升退休人员的适应能力和认知能力，减少认知功能的衰退；退休人员在学会新的知识和技术后，会对自己的能力有更积极的评价，从而增加对内在的自我控制感。

培养自己的兴趣和爱好

退休后，我们有更多的时间培养或继续发展自己的兴趣爱好，无论文学创作、摄影，还是琴棋书画，如果是自己一直想做，但因为忙于工作没来得及做的，退休后就不要再犹豫了，赶紧着手做起来吧。亲近自然也是不错的选择。在青山绿水间，大自然总是可以带给我们舒适感，这对我们的情绪有非常好的调节作用。

安排合理的生活计划

合理的生活规律和作息有利于我们保持良好的健康行为，促进身心健康的发展。如果仍然习惯上班时的作息时间，我们可以在之前上班的相应时间做自己喜欢的事情，像上班时一样找到适合自己的生活节奏，这样我们就不会感到混乱和空虚。

退休也有好处

有更多的时间陪伴家人

退休后，我们有更多的时间和精力含饴弄孙。抚养孙辈既可以减轻子女的负担，也可以增加我们和孙辈之间的依恋，使我们和他们的代际关系更加融洽。此外，抚养孙辈不仅有利于缓解孤独感和抑郁情绪，也有利于缓解认知的衰退。

有更多的时间照顾自己的身体

退休的另外一个好处是，退休后的我们有更多的时间关注自己的身体状况。在工作的时候，我们常常因忙于工作而忘记了对自身健康状况的检测和关注。退休后，我们的压力会更小，时间也没那么紧张。退休后的我们有更多的时间锻炼身体，比如和邻居、朋友一起去公园散步、打太极，参加慢跑等有氧运动，这些运动既可以强身健体，又可以娱悦身心。

有更多的空闲时间发展自己的兴趣爱好

工作时的我们总是忙忙碌碌，而退休后的我们则有了更多可以自由支配的时间来发展和培养自己的兴趣爱好。我们可以拿起相机拍下生活中各种珍贵的画面，我们可以在日记本上写下我们最想对后代说的话语，我们可以在电脑键盘上敲下美妙的字符，我们还可以去老年大学重新体验一把上学的快乐和消失已久的“童趣”……

如何帮助周围的人

帮助他们正确树立对退休的认知

对于退休的亲朋，我们首先要帮助他们积极地看待退休，防止他们将退休和老而无用画等号。其中，最根本的，是帮助他们发展积极的自我老化态度，即积极地看待变老这个过程，告诉他们变老也会带来很多美好的事情，比如他们有更多的生活经验和阅历，比如他们可以更好地处理人际关系，等等。

提醒退休人员的家人给予足够的理解和认可

退休后，老年人可以帮助子女照料孙辈，可以参与志愿服务活动，也可以去见识祖国的大好河山，还可以培养各种兴趣爱好，无论参与哪一项活动，退休人员的家人都要对他们的参与给予足够的尊重、理解和认可。

提醒家人时刻体察退休人员的身心健康

退休人员往往不愿意麻烦别人。在这种情况下，他们有了病痛有时会忍着。因此，作为他们的家人，我们一定要时刻体察他们的身心健康，多与他们沟通和交流，理解他们内心的焦虑和诉求。

如遇以下状况，请寻求专业帮助

① 感到孤独、空虚和严重的失落感，体力和精力明显减退，自卑心理严重，甚至产生“日薄西山”的心理感受。

② 感到情绪忧郁，焦虑紧张，心神不定，喜怒多变，情绪不稳，难以自控。

③ 愁眉苦脸，整天怨天尤人，悲观厌世，对外界事物缺乏兴趣，甚至终日惶惶不安。

④ 懒散乏力，不爱活动，反应很慢，严重时会出现麻木迟钝的状态。

⑤ 看到老朋友、老同学、亲朋好友相继离去，产生非常消极的想法。

⑥ 总觉得自己“老了”“不中用了”，严重时这种想法甚至会影响身体健康。

如果你的父母或身边的其他人在即将退休或退休后有以上这些问题，请尽量给予他们温情的陪伴和鼓励，并及时联系专业人员寻求帮助和建议。

最后，我想对每个即将退休或已经退休却觉得不安、焦虑、失落的人说，或许退休后的我们会怀疑自己的价值，或许退休后的生活不是我们想要的生活，又或许适应退休生活存在一定的困难，但请一定要记住：退休不是人生的终点，而是另一段人生的起点，退休并不意味着不再被需要，相反，它意味着我们可以以更加灵活的方式为家庭、为社会做贡献。人生价值是自己定义的，而不是被退休定义的。

空巢老人：老人也需要爱与陪伴

常园青

空巢老人，是指无子女照顾、独自居住或仅与配偶一起居住的老人。当子女离家求学或工作后，他们就成了空巢老人。

没有了往日和子女互动的热闹与充实，他们可能会感觉心里总是空落落的，特别孤独……

子女离家了，他们不用再处处操心子女的事情，反而对自身的价值和认同产生不确定性，不知道以后该如何和子女相处，也不清楚自己是否还能为子女保驾护航……

他们会想："孩子离家这么长时间，也没给我和老伴儿打过几个电话，是不是早就嫌弃我们了……"

他们还会想："孩子离家了，现在只能和家里的老伴儿相对无言，看对方怎么都不顺眼……"

成为空巢老人的你，可能也会遇到上面这些问题，并且不知道如何处理。

我们希望下面的心理学知识，能够帮助你更好地应对和适应空巢生活，促进身心的健康发展。

成为空巢老人带来的情绪变化

“空巢综合征”（empty nest syndrome），是指当子女由于求学、工作、结婚等原因离家后，老人处于“独守空巢”的状态时，由于人际疏远而产生被疏离、舍弃的感觉，出现孤独、空虚、寂寞、伤感、精神萎靡、情绪低落、心情沮丧、紧张烦躁、焦虑恐惧、愁眉苦脸、唉声叹气、流泪哭泣、食欲降低、睡眠失调甚至自责自罪等一系列情感、心理和躯体不适的综合征。“空巢综合征”会阻碍老人的社交和日常生活活动，让他们产生不合群感和被排斥感，导致其贬低自我价值，生活质量严重降低。**严格来说，空巢综合征并不是一种器质性疾病，**而是因负面情绪和心理功能紊乱而引发的心理、生理的综合反应。但心理健康问题可能诱发一系列其他问题。因此，作为空巢老人，保持身心健康是十分必要的。那么，当子女离家，我们成为空巢老人后，我们的情绪究竟会发生什么样的变化呢？

我们可能会感到孤独落寞、抑郁沮丧、焦虑烦躁，这是因为对很多父母来说，子女是重要的精神支柱，和子女分离会加剧我们的孤独感和亲密关系的缺失，同时我们感知到的社会支持也会减少，而孤独感的加剧和社会支持的减少又会进一步导致抑郁和焦虑情绪产生。

我们可能会对自我的价值和存在的意义产生怀疑，我们会自责，甚至产生自我认同的危机。这是因为孩子已经长大了，可以独当一面了，而我们还想像之前一样为孩子出谋划策，但这时候他们不会再完全听取我们的意见和要求，这使得我们作为父母的角色、身份被削弱，因而会觉得自己“没有用了”，帮不上孩子了，导致我们怀疑和贬低自我价值，产生认同危机。此外，越感觉自己是子女的负担，对自己变老的过程的感知就越消极，就越可能导致抑郁。

我们也可能会有责备子女的倾向。

我们的日常生活活动和社交活动可能也会受到限制。一方面，子女离家会增加我们孤独、抑郁和沮丧的情绪，进而影响我们的身体功能和日常活动；另一方面，子女离家可能会导致我们对自我的评价更消极，从而限制自身的社交活动。我们可能会这样想：“孩子长大了、离家了，我们也都老了，身体状况大不如前，精力有限也懒得出去社交，再说出去社交，就免不得会被别人问起孩子的情况，孩子和我们的交流又很有限，就越来越不想出去……”

子女可以做些什么

关爱空巢老人，解决空巢老人综合征，需要多方力量，尤其是子女，更应该给予空巢父母更多关爱。空巢老人最需要精神慰藉和精神关怀。因而，子女、朋友、社区的爱与陪伴，对空巢老人来说都是必不可少的。

子女的物质支持和精神慰藉对空巢父母来说至关重要。首先，子女应该给予父母足够的精神关怀，即使无法亲自陪在父母身边，也要经常和父母联系，比如和父母打电话、微信语音或视频。子女要常和父母联系，不要觉得父母的思维跟不上时代，是老古董，也不要拒绝和父母商量自己的事情，觉得父母不理解自己，要学会发现和肯定父母的价值，帮助父母树立积极的自我老化态度。子女与父母的互动可以让空巢老人感受到社会支持，进而降低空巢老人的抑郁程度，减少他们的孤独感。此外，多和空巢父母互动，也可以降低他们上当受骗的可能性。另外，子女也要给予父母足够的经济和物质支持。当空巢父母感到经济状况紧张时，他们的情感焦虑水平会增高。因此，子女即使无法陪伴在父母身边，也请给予他们足够的物质支持，保证他们在物质方面的安全感。

空巢老人可以做些什么

配偶的支持、陪伴、理解对空巢老人也很重要。婚姻关系满意度和空巢老人的抑郁程度呈显著的负相关，这充分说明配偶之间的相濡以沫，是空巢老人的最大支撑之一。此外，配偶对待自我变老过程和生活的态度也会互相影响，如果配偶的态度积极，那么自己的态度也更容易变得积极。因此，当孩子离家后，我们不妨好好培养和经营自己的夫妻关系，离家在外的孩子再孝顺，我们也离不开身边老伴儿的陪伴。

朋友的支持对于空巢老人也不可或缺。那些有更多朋友支持的老人，身体健康状况更好，认知能力也保持得更好，抑郁和孤独的水平也更低。因此，空巢老人要多增加和朋友的交流互动，增强自己的社会支持。

空巢老人要积极转变认知，正确认识面临的问题和处境。根据认知行为疗法（Cognitive Behavioral Therapy，CBT），通过一系列心理干预及行为矫正，改变个体不正确的认知，可以消除负性情绪及不良行为。认知行为干预的策略包括认知重评、积极表达、行为矫正等。作为空巢老人，我们首先要保持积极的自我老化态度，即积极地看待自己变老的过程，认识到子女离家、子女和自己交流互动的减少，并不是因为他们觉得我们老了、没有价值了。他们的行为也不代表他们不孝顺，而是在尝试独立。同时，自己也要大胆地表达对子女的思念，有什么问题和担忧也要及时和子女沟通、交流。

保持积极健康的生活方式对空巢老人也十分重要。成为空巢老人，并不意味着我们要放弃自己，放弃之前良好的生活习惯，我们的生活仍然要精彩地继续，我们仍然需要保持积极且健康的生活方式。健康生活、规律作息、积极锻炼，这样既可以充实生活，还可以不让子女担心，一举两得。

空巢老人还可以积极参加社会活动。作为空巢老人，尤其是在退休后，我们可以选择重新建立社会角色和社会互动网络，尽快找到新的替代角色，丰富我们的生活。比如，我们可以参加小区组织的志愿活动，通过志愿组织认识更多新朋友，获取更多社会支持。再比如，如果身有余力，我们可以选择再就业，通过返聘、兼职等方式让自己忙起来，既锻炼身体，又扩宽了自己的社交网络。

空巢老人还可以保持开放的视野，通过网络等媒介保持和世界的联系。有时候，我们会发现，我们总把自己封闭在自己的小世界里，缺少和世界的联系，也就和孩子渐渐没有了共同话题。孩子遇到问题后，我们也不知道该怎么为他们出谋划策，进而就会陷入自责、懊恼、贬低自我的消极情绪中。因此，面对这种情况，作为父母，我们不妨通过各种方式多了解我们所处的社会，这样既开阔了视野，也可以增加对子女的了解。

老人应提前做好应对空巢环境的准备，适应并建立新型的父母—子女观念和家庭关系。随着子女不断长大和独立，我们的家庭观念也要发生相应的变化，这样才能更好地适应空巢生活。比如，在孩子离家前，我们要有意识地改变“养儿防老”的传统观念，减轻对子女的心理依赖，学会逐渐将家庭关系的重心由父母—子女关系转向夫妻关系。因为在空巢时期，由于距离和工作等缘故，子女能够给父母提供的实质帮助相对有限，而高质量的婚姻关系和配偶的陪伴则是我们应对各种挑战和心理问题的有效家庭支持。

如何帮助周围的人

帮助他们正确认识空巢生活

正如上文所说，要想更好地适应空巢生活，必须积极转变认知。首先，我们要帮助空巢老人积极地看待空巢生活，告诉他们空巢生活也有一些好处，比如有更多自由的时间和精力来培养自己的兴趣爱好，不必再事事围着孩子转，也可以出去社交，认识更多的新朋友，等等。其次，要让空巢老人知道，孩子离家以及和父母交流减少并不代表他们嫌弃父母老了，也不代表他们不孝顺，而是他们有自己的工作和生活，不想让父母担心和忧虑，这也是孩子表达关怀的一种体现。最后，对于空巢老人，要鼓励他们多和朋友交流，积极寻求社区的帮助，要让空巢老人意识到：子女并不是唯一可获取的支持，配偶、社会同样可以给予物质支持和精神慰藉。

提醒空巢老人的家人给予理解和认可

很多父母的生活重心一直是孩子，孩子几乎占据了他们的全部，他们几乎做一切事时都要考虑孩子。所以当孩子离家后，他们会不可避免地感到失落、孤独和沮丧，并且可能会因此说出一些伤人的话，做出一些不好的行为。这个时候，作为家人，我们要给予他们足够的尊重、理解和认可。夫妻之间要互相扶持、互相鼓励，共同应对空巢生活。子女要理解父母，明白父母的苦心和担忧，有事多和父母沟通商量，不要觉得父母什么都不懂，也不要觉得父母在多管闲事，或者觉得父母专制霸道，他们的表达方式可能不对，但本质上，他们是爱我们的。

时刻体察空巢老人的身心健康

空巢老人可能会面临着各种身心不适，因此，我们要时刻观察空巢老人的身心健康。当空巢老人出现空巢综合征并排除器质性病变后，要告诉他们这些都是比较正常的现象，不必过于担忧，但是要及时进行心理干预。最重要的是，空巢老人可能会因为考虑到孩子离家在外，不想让孩子担心，隐瞒健康状况，只报喜不报忧，这样往往会耽误治疗。这种情况下，作为子女，在和父母联系时，要多关心父母的健康状况，理解他们的诉求和忧虑，以平和而有力量的话语来表达对父母的关心，不要责备父母，不要贬低父母，要让父母觉得你是尊重他们的，是可以依靠的，让他们产生安全感。

寻求社区和专业人士的帮助

对于有些情况，空巢老人自身和家人是无法应付的，比如遇到紧急情况后，父母难以联系到子女、子女一时间难以见到父母等。这时就需要社区和专业医生为空巢家庭提供帮助。社区可以积极组织互助养老模式，推广智能养老模式、医养结合养老模式，让空巢老人足不出户就可以得到专业的帮助。

如遇以下状况，请寻求专业帮助

① 心情郁闷、沮丧、低落、孤独，满腔的愁绪无法疏解，郁结于胸，甚至影响正常的身体功能和日常活动。

② 经常控制不住自己的情绪，对配偶和其他亲朋好友发脾气，消极悲观，长吁短叹，甚至流泪哭泣等。

③ 饮食不规律，食欲低下或没有食欲，或一到吃饭的时间就会想起和子女相处的情景，伤心落泪。

④ 睡眠状况差，晚上经常失眠，总是盼着子女的来信，必须用药物辅助才能入睡，睡眠质量差，噩梦不断，白天提不起精神，昏昏欲睡。

⑤ 不想出去社交，终日待在家里，担忧邻里会取笑自己成为空巢老人，害怕邻里对自己的家庭关系“品头论足”。

⑥ 产生自责心理，总是责备自己对子女不够好，才使得他们离家外出。

⑦ 产生责备子女的倾向，认为子女不应该“丢下”自己，认为子女“不孝顺”自己，觉得自己做父母很失败，甚至否认自己的人生价值和存在的意义。

如果你或者你身边的其他空巢老人有以上这些情况，请你不要有所顾虑，及时联系专业的心理咨询师和专业医生寻求帮助。请你理解，有这些症状是人之常情，我们要做的是及时干预，树立正确的认知，以免影响身心健康和正常的生活。

最后我想对每位空巢老人说：“空巢并不代表我们是孤独的，空巢也并不意味着我们不再被需要，相反，我们可以以更加积极自由的方式过属于自己的生活，同时我们的子女仍然会在远方想念我们、牵挂我们。”此外，对空巢老人的家人，我想说：“离家不离心，多联系，常回家看看，父母也需要爱与陪伴”。

情感：老年人的爱情同样可贵

常园青

爱情，是人类永恒的渴望，并不会随着年龄的增长而有所减弱，它们只可能会换一种形式存在，比如亲情和承诺。

爱情不专属于青年，老年伴侣之间的爱情，往往因为历尽人生的坎坷而更为深沉、执着、纯真。

“一生两人，三餐四季，相伴一生”，这是最长久的陪伴和最美的爱情。

然而，老年人面对爱情，也会有一些困扰、无助和烦忧。

伴侣是否还爱我？我好像感受不到对方的爱意了？

我该向伴侣表达我的爱意吗？对方会不会嫌弃我？

我不知道如何向配偶表示“我爱你”，对方要求的和我想要给的好像并不匹配……

我很孤独，想要找个老伴儿，可是子女强烈反对，我该怎么办呢？我是不是要孤独终老？

如果你或身边的人也有以上这些问题，我们真诚希望下面的这些内容能够帮助你和你身边的人。

老年人的爱情有何不同

可能很多人认为，人到了老年，就只剩下亲情，没有爱情可言。但这种想法并不全面，半生的陪伴是亲情，但爱情不只包含激情和浪漫，对高质量的长久爱情而言，亲情和承诺也许才是更核心的。此外，人们对爱情要素的追求也会随着依恋类型的发展而不断变化。

根据爱情三角理论，爱情主要包含激情（passion）、亲密（intimacy）和承诺（commitment）三个基本要素。随着年岁的增长，老年人的爱情逐渐褪去了激情，剩下的更多是亲密和承诺。激情是一种非常强烈的想要与对方在一起的状态，是一种怦然心动的想要与对方相处的体验，包括想制造浪漫、相互的身体吸引等冲动情绪。亲密则是爱情关系的情感基础，是两个人之间非常温馨的体验，能给人温暖的感觉，包括亲近、紧密相连，也包括情感上的支持、对对方需求的重视、和对方保持亲密的沟通联系等。承诺是对爱情的忠贞和责任心，是做出患难与共、至死不渝的承诺。三个基本要素经过不同的组合可以形成不同类型的爱情，如果是只有激情和亲密而无承诺的爱情，就是“浪漫的爱”（romantic love），如果三个基本要素都存在，就是“完美的爱”（consummate love），如果是没有激情但有亲密和承诺的爱情，就是“陪伴式的爱”（companionate love）。对大部分老人来说，他们拥有的正是“陪伴式的爱”。

爱情也会受到依恋类型的影响，从而表现出不同的形式。依恋是“人类与特定的他人建立强烈情感纽带的倾向”。成人的依恋类型有三种：安全型、焦虑型和回避型。

具有安全型依恋的人能够在情感上与他人亲近，能够舒适地依赖于他人并让他们依赖自己，能够自如地与他人建立稳定的亲密关系，并在这段关系中做真实的自己，且能够有效地处理关系中的冲突。

具有焦虑型依恋的人害怕被爱人拒绝，过度需要爱人的认可，以及当伴侣不在或没有回应时会觉得痛苦，因此在爱情中极度需要激情，且在关系冲突中容易对对方妥协。

具有回避型依恋的人对依赖和亲密关系感到恐惧、过度强调自力更生、不愿自我披露、在爱情中也不需要过多的激情，同时也会回避对关系冲突的处理。

依恋类型在一生中并不是稳定不变的，其中依恋焦虑和依恋回避的行为在青春期和年轻时出现的频率较高，中年以后则稳定地下降，这是因为中年时期人们会参与各种各样的社会角色和关系，随着经验的增加，安全型依恋逐渐增多。因此，老年时期由于依恋焦虑和回避的下降，他们更少寻求富有激情的爱情，反而更加注重亲密而长久的爱情。

诚然，老年人的爱情不像年轻人的爱情那样轰轰烈烈，但老年人的爱情对他们的身心健康同样重要。

老年时期的爱情有助于提高婚姻关系满意度和婚姻质量，

从而提高老年人的生活满意度，提升生活质量。夫妻之间的亲密感越多，他们对婚姻的满意度就越高，主观幸福感和生活质量也就越高。此外，夫妻双方对亲密关系满意度的提升也可以促进总体的生活满意度。

亲密关系有助于夫妻双方发展出健康的行为和良好的生活习惯。当亲密关系失调时，个体会发展出不健康的行为和生活习惯，从而对健康产生负面影响。比如，当人们的爱情不顺时，他们的饮食习惯和行为会更不健康，从而导致更差的健康状况。

亲密关系有助于缓解认知功能的衰退。调查发现，对亲密关系满意度高的个体在未来不太可能出现认知衰退。

夫妻和亲密伴侣的陪伴可以帮助老年人对抗老年焦虑和死亡焦虑。身边有亲爱的人跟我们一起慢慢变老，一起迎接死亡的到来，这大概也是件浪漫的事情。

老年人的爱情还可以给子女的爱情观起到示范作用和正向反馈。如果父母感情好，他们的子女更有可能发展出安全型的爱情观，在对爱情的期待、对婚恋的态度、对爱人的评价上也都更加积极。

情感需求难以满足带来的情绪变化

“爱情不分老和少，年龄越大越需要”，由于健康功能的衰退和丧失感的增加，老年人对爱情的渴求并不弱于年轻人。那么，缺乏爱情的老年人，情绪可能会发生什么变化呢？

老年人可能会感到孤独、焦虑、沮丧和抑郁。老年伴侣之间的爱情有助于维持良好的婚姻关系，增加老年人感知到的社会支持，并降低孤独感。亲密关系的缺乏则会增加老年人的社会焦虑。

老年人可能会怀疑自己的价值，甚至贬低自我。随着年龄的增长，夫妻之间的激情渐渐褪去，剩下的则是亲情和承诺。外表的吸引力在下降，内在品质的重要性在凸显，如果个体对激情、浪漫和外在比较看重，就可能不满配偶的“木讷”“无趣”，甚至“嫌弃”对方，进而会使得对方怀疑自己的价值，甚至导致自我贬低。

老年人可能会产生老化焦虑和死亡焦虑。来自配偶的支持是对抗老化焦虑和死亡焦虑的重要力量。因此，缺乏亲密关系支持的个体可能难以很好地应对与老化和死亡相关的负面想法。

老年夫妻如何追求和保持爱情

老年夫妻可以尝试怀旧和情景再现。夫妻之间的怀旧可以唤起他们对过去经历，尤其是美好生活的怀念，这是因为自传体记忆可以促使我们回忆起与所爱之人共同经历的事情和情感体验。此外，怀旧还有助于增强感知到的生命意义。“愿有岁月可回首，且以深情共白头。”夫妻之间可以一起回顾过去走过的路、遇见的人、经历的事情，尤其是在脑海中刻下深深记忆的事情，比如夫妻双方的第一次约会、第一次见家长、第一次分离、第一次重聚、第一次在产房迎接孩子的到来、第一次为孩子的上学问题吵架、第一次经历孩子离家、第一次迎接孙辈的到来等。所有的第一次都具有独特的意义，可以帮助老年夫妻更清晰地感受到过去、当下与未来的联结，感受到夫妻关系和家庭关系的重要性。

同时，夫妻双方不要总沉溺于过去的苦难，要学会携手往前看。“不念过去，不畏将来”，怀旧不等于沉湎过去无法自拔，每个人都要学会珍惜当下和未来的生活，老年夫妻尤其如此。不要总想着“我一想到过去他对我的伤害，就非常难受，抗拒他的接近”。人们常说“少年夫妻老来伴儿”，很多夫妻在年轻时可能遇到过一些不好的事情，所以一直记在心里，无法走出来，每当对方想和自己靠近，过去不好的回忆就出来阻碍，从而导致自己一遍遍地品尝过去的苦，也影响了当下的夫妻关系。在这种情况下，我们要学会适当地放下过去、朝前看，因为生活总是向前的，我们再怎么纠结于过去也无济于事，还会损害自己的健康。如果感觉自己实在放不下过去，但又确实无法离开对方，不妨和对方一起寻求专业人士的帮助。

夫妻之间要学会互相欣赏，要经常夸赞对方，对对方的赞赏需要及时表达出来。老年夫妻可以找到一些互补的点来夸对方。比如，妻子的情绪管理能力比较好，但理财能力稍差，而丈夫的理财能力比较好，那么妻子就可以多夸奖一下丈夫的理财能力，同时丈夫可以多夸奖一下妻子处理人际关系的能力。夫妻双方都可以多多赞扬对方为家庭所做的贡献，从而促进两人关系的和谐发展。

夫妻双方应该用合适的方式让对方注意到自己，要学会让对方多赞赏自己。如果对方没有主动夸奖自己的习惯，就主动把自己的成就分享给对方；要以一种平和的心态分享，要抱着“我很棒，我的爱人也很棒，我想把这个好消息与爱人分享”的心态，而不是“我这么棒，爱人必须夸我，他不夸我就是对不起我”的心态。

夫妻双方要做到互相尊重，尊重对方的人格，尊重对方的生活习惯，尊重对方的爱好，尊重对方的劳动成果，尤其要尊重对方为这个家庭所做出的牺牲和贡献。尽量满足对方的心理需求，尝试共同参与到对方的爱好和兴趣中，一起寻求生活的乐趣。

老年夫妻也应注重夫妻之间的仪式感，让仪式感成为夫妻感情生活的润滑剂和调味剂，学会用仪式感滋养爱情。比如，夫妻双方可以记住每一个重要的纪念日，在纪念日的当天为对方准备惊喜，表达对对方的感谢，并许下相伴到老的美好愿望。当然，并不是说没有仪式感的感情一定很差，关键在于夫妻双方是否在意仪式感。仪式感的意义在于和对方一起拥有的美好体验。因此，仪式感对感情的滋养可以仅发生在夫妻双方之间，也可以发生在和家人共同的生活体验中。

老年夫妻也应主动向对方表达亲昵。随着年龄的增长，尽管很爱对方，但许多夫妻可能越来越不好意思表达对对方的爱意。爱是需要表达出来的，对爱人表达亲昵，比如拥抱、亲吻，不是轻浮的表现，相反可以大幅提高关系质量和关系满意度。如果夫妻之间长期缺乏拥抱等肢体接触，就可能导致情感体验不足，进而影响关系质量甚至健康功能。研究发现，拥抱可以帮助个体感知到更高的来自对方的社会支持，缓解个体的压力，甚至改善个体对自我健康的评价。因此，适度地表达对配偶和爱人的亲昵，可以传达出我们的关心、理解和支持。

夫妻之间要学会一起成长，保持对对方长久的吸引力。现代社会瞬息万变，如果夫妻关系中，一方总是一成不变，裹足不前，终日沉湎于过去的成就或失败，而另一方则在不断进步，那么夫妻之间的差距会越来越大，也就越来越没有共同话题。一旦失去了共同话题，夫妻关系就可能越来越疏远。此外，夫妻可以培育共同的生活目标，心往一处使。这种方式一方面可以促进目标的实现，另一方面也可以提升夫妻双方对关系的满意度，甚至改善身体健康功能。

勇敢追爱不可耻，谨慎追爱是前提。独居老人也有追求爱情的权利和自由，但在追求爱情时，一定要特别谨慎，对人选的把关至关重要，尤其要警惕涉及大量钱财的恋爱。

如何帮助周围的人

子女要尽量理解父母对爱情的追求和表达。一些人可能难以把老年人和爱情联系到一起，甚至觉得“都这么大年纪了，还谈什么爱情”。但其实，老年人之间也有醇厚的爱情。相伴走过半生的亲情和承诺正是他们爱情的底色。父母也需要爱情作为关系的黏稠剂，因而年轻人可以鼓励父母积极向对方表达爱意，必要时也可以协助父母为对方制造惊喜和浪漫，使他们的感情进一步升温。

如果独居老人想要寻找后半生的爱情，作为老人的亲人，我们也要充分理解和尊重他们的情感需求。因为子女总是出门在外，父母一个人待在家里难免会有诸多不便，因此如果独居的老人想要再找一个老伴儿，子女也不要过度干涉，我们要做的是帮父母把好选人的关，确保父母不会被欺骗。

如遇以下情况，请寻求专业帮助

① 总觉得老伴儿一点儿都不关心自己，从老伴儿那里得到的回应也很少，感觉自己不被重视，怀疑自己在对方心里的地位，甚至产生自卑感或自暴自弃。

② 和老伴儿一直吵架，谁也不让着谁，都觉得自己没错，是对方的错；遇到问题不是一起坐下来寻求解决的方法，而是互相指责、埋怨。

③ 向配偶寻求亲密被拒绝，怀疑自己的吸引力和自我价值，也怀疑对方背叛自己；没有安全感，整天疑神疑鬼、寝食难安。

④ 独居，特别孤单，非常想找个老伴儿陪伴自己度过后半生，但子女总是强烈反对，和自己闹矛盾，于是越来越心灰意冷，觉得家里没有任何人关心自己，质疑自己存在的意义，甚至产生轻生的念头。

⑤ 网上约会或相亲被骗，损失较大，虽然被骗的都是自己的钱，但自己也不敢和子女说，怕子女嫌弃、讨厌自己，不再管自己了，但这些事情又像一块巨石压在心里，憋得难受，心情抑郁沮丧。

世人皆期盼爱情。我们常羡慕“山无棱，天地合，乃敢与君绝”的轰轰烈烈，更感动于“老来多健忘，唯不忘相思”的深情。虽然老年人岁月已暮，但他们的爱情永远风华正茂。也许有一天，我们已不再年轻，我们已白发苍苍，只剩和你一起生活的亲情和承诺。但，我永远爱你，一如既往。

第 5 部分

突发事件

伤残：意外发生后如何面对未来

吕瑞怡

或是因为突发的事情，或是因为长期的病痛，可能在一阵昏迷过后，你不得不面对一个事实：自己身体的一部分残缺了。在那一瞬间，你可能以为自己在做梦，恍惚之间无法接受现实；你可能会质疑，为什么这种事偏偏发生在自己身上；你可能会担心、忧虑，思考接下来的生活该怎么办，该如何承受别人的眼光……

请别害怕，请你一定要相信，眼前的痛苦与黑暗终将过去。我们将通过专业的心理学知识，帮助你度过这段时光。

当然，除了我们，你还有家人和朋友，你也可以依靠他们，向他们诉说你的痛苦。请你一定要相信，一切都会变好的。

伤残带来的情绪变化

这是一段艰难的旅程，突如其来的变故可能会把生活搅得一团糟。在这样的情况下，你需要先明白，你的心理和生理都需要一个修复创伤的过程，不用苛求自己立即走入正常生活。

经历重大伤残后，你的心理可能会经历以下 5 个阶段。

第一个阶段：休克期。在伤残发生的那一刻，一直到接下来的几小时，你会出现惊恐、呆滞或麻木等反应。

第二个阶段：否认期。你会否认意外、伤残的发生，并可能会处于抗拒的状态，不肯配合治疗。

第三个阶段：抑郁反应期。冷静后，你开始接受自己已经失去某些身体功能的事实，其间，因为自身心理素质、外界的反应等因素，你的情绪波动可能会比较大，甚至产生抑郁情绪。

第四个阶段：依赖反应期。你开始超乎寻常地依赖他人，以消除伤残带来的紧张感。

第五个阶段：适应期。慢慢地，随着自身的努力，你最后将走出痛苦，迈向新的生活。

在这 5 个阶段，你的内心会出现以下 7 种重大的心理反应。

“别靠近我，别想伤害我”：过度警觉，缺乏安全感

高度警觉、缺乏安全感是经历灾难性事件后第一个月内最普遍、最严重的心理体验。

“你要干什么，为什么触碰我？”“路上怎么有这么多车，它们会不会再冲向我？”“什么声音！你们是不是在密谋怎么撇下我，想看我一个人出糗？”

在这段时间，你可能会花费很多时间和精力留意或寻找环境中的威胁性信息，精神经常处于高度敏感的状态，人也容易激惹，容易对相关事件或信息产生过度反应（例如惊吓反应等）。这时，你可能会极度缺乏安全感，拒绝他人的靠近。这些过度的“警觉性反应”会扰乱正常生活，让你感到精疲力竭。

“不，这种事情不会发生在我身上”：否认事实，难以接受

你可能会否认自己出现的生理缺陷，不接受眼前的事实。

“这种意外怎么可能出现在我身上？我应该像其他人一样，自由地行走，欣赏全世界最美的风景，正常地工作、享受生活，这才应该是我的人生！”

这是一种心理防御机制，初期能起到一定保护作用，帮助你抵御紧张、焦虑、忧愁、恐惧等负面情绪，但在后续的治疗和康复阶段，坚持“否认”可能会让你很难理性地看待事实，进而影响后续的恢复。

“怎么办，我的人生是不是就完了”：陷入焦虑，无法自拔

在巨大的冲击下，我们可能会陷入持续焦虑中无法自拔。

“为什么会发生这一切？”

“我还有救吗？这治得好吗？ 我该怎么生活？”

“没有亲人在身边怎么办？”

“不去回忆就不会那么痛”：选择遗忘

“让我遗忘吧，遗忘被痛苦禁锢着的生活，遗忘社会，遗忘一切！如果可以，我多么想选择失忆，抛下过去的伤痕。”

分离体验是人们在产生创伤后几乎都会表现出来的一种症状。简单来说，就是通过遗忘过去、冷漠地回应外界来回避创伤。

在分离体验中，人们试图在认知和情感上远离创伤，这也是一种自我防御机制。

似乎不去想、不去念，就能不痛苦、不在乎。我们把自己从痛苦的体验中抽离，以此切断生理缺陷与痛苦之间的联系。

当分离体验更加严重时，我们甚至会过激地切断自己与外界的所有联系，这会影响我们的日常生活。

“那辆车又朝我开来了”：不断重复的痛苦

“那辆疾行的卡车就在眼前直直地冲来，爆炸的巨响又一次冲入脑壳，震得我头皮发麻！不要让我再去回忆那次事故了，我什么都不记得，也不想记得！”

对于发生意外的场面，我们在事后可能会难以回忆起来，也会遗漏重要的情节，前后矛盾，甚至完全遗忘。但时不时出现的记忆闪回，会再现当时的经历，让我们反复地、无法回避地再次体验当时的痛苦。

在这段时间，我们可能也会常常出现梦魇、惊恐、注意力不集中等情况。

“能不能一直陪着我，不要走”：很想依赖一些人

“那个人的出现，为我的生命照进一束光，他给了我继续活下去的希望，让我能放下一切包袱与顾虑，忘却痛苦与悲伤……我想让他每一分每一秒都陪伴在我身边，离开他的每一秒都让我如坐针毡。”

这是一段依赖反应期，在这段时期，会有一个人或一个事物，他的出现与陪伴会让我们获得安全感，而这段时期多出现在功能恢复或功能代偿阶段中。

这种心理上的依赖，其实是创伤中的人们想要取得一种“假托”——这样，就可以将病痛分担到被依赖的对象上。

不过要注意的是，虽然这种依赖心理可以减轻心理负荷，但长期保持这一依赖是不利于康复和恢复独立生活的。

“虽然不完美，但我康复了”：接受事实，努力康复

经历前面的心理波折后，人们会开始慢慢冷静下来，接受自己的缺陷，井然有序地进行康复和治疗，在陪伴和关怀下慢慢变好，走向新的生活。

这个时候，我们就完全度过了心理、生理的危机，正向着更好的明天前进。

伤残发生后，我们可以做什么

放下自卑，给自己一些信心

“那段时间，我很害怕看到镜子里的自己，害怕看到陌生人奇怪的眼光。或许，我害怕的是面对自己，害怕这一辈子就这么苟且偷生下去。”

我们可能会有点嫌弃这个糟糕的自己，可又有谁是完美的呢？

伤残并不意味着成为弱者。著名心理学家阿德勒曾提到：当某种器官功能不足或有缺陷时，个体会遇到许多生活困难，这时我们就必须寻求方法来弥补不足，以便更好地适应环境。

这种弥补有两个途径。

①攻克功能不足器官的弱势。如通过康复治疗缓解病症，体弱者加强体育锻炼、增强体质等。

②发展其他的感觉技能。例如，失明者会更依赖听觉、触觉来适应环境，视觉外的其他感觉会更加敏感等。

积极适应生活

现在的我们，可能在一些方面与之前有所差距，因此我们处事时更应该小心谨慎。这既能保护我们的心理不受打击，也能帮助我们适应新的生活。

在社会适应的过程中，我们可以多发挥自己的主观能动性，积极地处理问题、克服问题。

在这个有点艰难的阶段，我们可以时不时地对自己的行为进行评估，例如，在行动前问问自己，这样做是否能实现想要的目标，如果失败，要付出的代价我们是否可以接受，等等。

寻找合适的兴趣爱好，进行适当的体育锻炼

确实，身体上的伤残会让我们的学习出现种种障碍，但我们仍然可以过好当下。比如，尝试做一些以前没有做过的事情，或许会有奇妙的体验和结果。例如，失去双臂但喜欢球类运动的你，可以用双腿体验足球的快乐；双目失明但热爱交流的你，可以试着学习演讲，做一个不平凡的演说家……

体育锻炼也是一个不错的选择，行动不方便的话可以打打桌球、练练上半身的瑜伽，等等。这些活动既能提高免疫力，又可以增强自信心，是康复阶段的不二选择。

学会倾诉自己的痛苦

倾诉可以有效减少心理问题的发生。我们可以向亲密的人诉说这一时期的心理状态，或是将它记录在日记本上。

找到一个合适的情感宣泄渠道有利于舒缓身心，冷静下来，更从容地面对生活。

勇敢面对自己的角色转换

伤残的出现可能让你的社会身份出现以下这些变化。你或

许生活无法自理，受到限制；或许有很长一段时间需要远离社会，仅和家人、医护人员打交道；家庭也可能因为你的伤残而面临经济问题、家庭关系矛盾等。

在这样的情况下，我们应该尝试完成角色转换。比如，可以在专业人士的指导下参与心理剧的表演，通过增加对不同社会角色的心理体验，尝试完成对“伤残者”这一角色的认同感。

勇敢面对自己的角色转换，有助于尽早建立正确的预期和认知，也有助于开发自己其他方面的潜能，这些都能在今后的生活中成为人们参与社会活动、树立自信心的心理支撑点。

如何帮助周围的人

呵护他敏感的心

由于生理缺陷，他将有可能面临更多来自外界的有意或无意的负面评价，而面对这些消极的社会反馈，他们会变得更加敏感脆弱，害怕被拒绝。

因而在陪护的过程中，我们应该积极地给予关心，尽可能地满足他的要求。

若敏感的他不希望得到过分的关注，请注意不要用以下几种方式关心他。

① 频繁询问他好一点没有。

② 禁止他的一切活动，包括那些医生允许尝试的训练，让他只能休养在床。

③ 过度表扬他的进步。

我们可以再耐心一点，让他感受到足够多的温暖。

陪他一起解决问题

我们可以陪在他身边，用以下这些方法为他提供支持，帮他进行适应和恢复。

① 我们可以关心他在生活中遇到些什么问题；帮他提炼其中的核心问题，例如活动不便、疼痛等；先把问题聚焦，再和他商量解决方法。

② 建议他通过写日记等方式舒缓心情。

③ 让他想想康复后生活会发生什么变化，有什么新的目标，现在又能为这个目标做些什么。

给他足够的家庭支持

家庭的存在，对他的心理健康起着尤为重要的作用。

他可能会产生自卑及抑郁情绪，如果我们是他的家人，那么需要在家庭生活中给他足够的尊重和关心。

比如空闲时间多陪伴他，不要给他过多的生活压力，可以向他描述未来美好的图景等。

伤残后如有以下状况，请及时寻求专业帮助

① 在安稳的环境中表现得过度警觉，把身边的一切都当作可能的威胁。

② 完全切断与他人的正常联系，封闭自己的内心。

③ 注意力不集中，莫名地打人、吵架。

④ 频繁地回忆起意外发生时的场景和当时的感受，无法平静心情。

⑤ 出现与原病症无关的中枢神经系统的功能性变化，如语言不利索、四肢莫名颤动等。

⑥ 被记忆困住，时而忘记受伤的事件，时而又觉得所有的事情都跟这件事有关系。

最后我想对每个受伤的你说，或许前面有很多困难需要克服，但请不要放弃，请让爱和自我接纳陪伴着你，带你看到人世间更美好的风景。

绝症：应对患上绝症后的情绪变化

■ ■ ■ ■

史慧玥

绝症可以说是“生命难以承受之痛”，不幸患上绝症的你，心里难免焦灼，你可能会：

质疑为什么这件事会发生在自己身上，不愿接受这个事实；

在漫长而艰巨的治疗中呕吐、掉发，不知道自己还能撑多久；

每天都在害怕病情恶化，不知道自己能不能康复，会不会提早离去……

我们无法完全地体会你的痛苦，但很希望通过分享一些心理学知识，帮助你更好地应对这些困扰，积极而勇敢地渡过这个难关。

绝症带来的情绪变化

身患绝症对每个人来说都是一项严峻的考验。

你不仅需要承受躯体的变化和生命力的抽离，还要承受它带来的情绪反应。你可能会有以下的情绪反应。

① 对生活、亲人的留恋。

② 否认自己身患绝症，甚至讳疾忌医。

③ 对周围的人或事抱有敌视态度、脾气暴躁。

④ 忧郁与焦虑，甚至动了伤害自己的念头。

⑤ 希望满足最后的愿望。

在绝症人群（尤其是肿瘤晚期患者）身上，以上这些情绪中，抑郁和焦虑是最容易出现的。

“好痛苦，万一撑不过去怎么办”：感到忧虑恐惧

面临绝症时，你可能会变得意志薄弱、情绪恶化、非常容易发怒。并且，由于疼痛感的加剧和死亡感的临近，你可能时常会感到紧张和恐惧。

生病后，你需要用大量的精力适应变化，还可能会面临信念的瓦解。例如，有的人因为突然看到生命终点的存在，开始质疑努力生活的意义等。

这些都会使你的自我控制能力下降，出现较大的情绪波动，对周围的事既关心又害怕，持续处于一种敏感的状态。例如，你可能会对病友的死亡，医护人员及家属的言谈举止等更加关注。

“无边的沮丧，只剩下我一个人了”：感到抑郁与孤独

你比较了解自己的病情和治疗情况，知道自己目前的情况并不乐观，加上病痛加剧、自理能力下降、渴望活着以及恐惧死亡，你的心情可能会变得沉闷，人也会有些抑郁。

同时，由于生病，你不得不远离你的正常生活和工作，远离你的很多亲人、朋友、同事，这难免让你感到孤独。

身患绝症后，我们可以怎么做

身患绝症时，我们可能会更多地关注自己的身体状况，而忽略这件事带来的心理影响。

事实上，心理活动也可以通过各种心理神经免疫内分泌机制，影响病情的发展。

例如，国内有研究者发现，增加心理治疗的辅助后，患者的临床症状、活动能力和疼痛程度均有了更明显的改善。

在身体治疗之外，我们也可以通过调整我们的心理状态，减轻自身的症状感受，促进疾病的恢复，提高生命的质量。

以下 4 种方法或许能够帮到你。

增强综合社会支持

增强综合社会支持有助于缓解患病带来的压力。

综合社会支持包括专业支持、家庭支持和社会支持 3 个方

面。这 3 个方面均可直接或间接地改善你的心理、生理状况，提高生命质量。

（1）“多一点知识，多一点力量”：寻求专业支持

无法疏解疾病和死亡所带来的巨大压力时，寻求护士、心理咨询师等专业人士的帮助是很重要的。

在治疗过程中，医生、护士或咨询师对我们的鼓励，能给我们提供求生心理的支持，让我们坚定治疗的信心，维持心中的希望。

（2）“多来陪陪我吧”：寻求家庭支持

生病时，亲朋好友是我们最重要的精神支柱，有效的家庭支持可减轻消极的身心体验。

我们可以主动与家人或朋友沟通，寻求他们的陪伴和照料，并接受他们发自内心的关心和鼓励，不必因觉得打扰他们而歉疚，在帮助你的过程中，对方也会因为感到被信任而有所收获。

如果你的家庭有一些不温暖或不和谐的地方，你可以以自己为支点，多带领大家进行沟通，促进大家和谐友爱地相处，这不仅能帮助你从孤独无助中走出来，家人之间无条件的支持和陪伴也是我们将来留给他们的最宝贵的礼物。

（3）“人多力量大”：找到社会的支持

除了以上 2 种支持，我们还有很多选择：政府医疗政策支持、病友组织的支持和病友之间的支持。

此外，有些医疗机构可以为我们提供更多信息、更优质的关怀服务和更人性化的医疗费用减免，我们也可以接受单位、义工组织给我们的支持。

医疗性质的支持、服务性质的支持或经济性质的支持，均能为我们的身心带来积极的影响，而且也可以减轻我们对家人朋友的依赖。

提升心理韧性

心理韧性是一种积极心理品质，拥有这种品质的人在面对困境时可以迅速恢复过来，并且成功应对困境。

研究表明，良好的心理韧性能减轻我们的心理不适，有效缓解焦虑和抑郁。心理韧性较高的绝症患者能够更成功地应对压力，表现出积极乐观的生活态度，获得更长的生存时间和更高的生活质量。

那么，如何提升心理韧性呢？

（1）提升掌控感

掌控感是指我们对环境中事物的控制能力。

提升掌控感能帮助我们获得满足感和幸福感，提高战胜疾病的信心，并且有效缓解不良的压力反应，从而促进我们对疾病的心理适应。

下面介绍几种提升掌控感的方法。

- 主动寻求相关信息。

- 巩固家庭支持，让家人的支持稳定供应。
- 进行一些积极的归因训练。例如，我们可以将病情变好归因于自己积极配合治疗，降低“宿命论”“无力掌控”等消极信念的影响。

（2）共同营造支持性的家庭环境

支持性的家庭环境作为最直接的环境因素，有助于提升心理韧性。多跟家人沟通，能增加他们对你的理解和接纳，让他们多给你一些信念支撑，护理时精心一点、耐心一些，和他们一起营造一个和谐的家庭环境，这些都有助于心理韧性的提升。

（3）寻求更多的社会支持

从广泛的社会支持中汲取力量也是非常有用的。如在患病期间保持与好友的密切联系，积极参加医院等单位的活动，参加志愿活动，加入病友组织等，这些活动能给你带来源源不断的社会支持。

（4）将生病的过程当成一种经历或成长，并从中发现意义

我们可以把绝症当作人生的一个暂停键。在这段时间里，我们可以停下忙碌的生活，对自己的人生和未来进行思考，跳出原本生活的局限，通过寻找生命的意义，找到真正想要的人生。

寻求专业的心理干预

接受心理咨询师的帮助也可以高效改善自身的心理状况，患者朋友们可以依据自身情况判断是否需要接受专业的心理干预。

适合患者的心理干预方法有很多，下面简单列举了几种。

（1）人生回顾干预

人生回顾是指，回顾、评价和重新整合过往的人生经历，重新认识生命的意义并剖析、重整人生中未解决的矛盾。这能显著改善我们的心理状态，提升生存质量。

（2）以夫妻为中心的心理干预

夫妻是患者最重要的人际连接之一。

以夫妻为中心的心理干预，具体如应对技能、教育、放松、引导想象、音乐、催眠、支持性咨询等，能更好地改善你和另一半的心理困扰，提升性功能和生命质量。并且，比起单独干预任何一个人，夫妻二人一起接受心理干预，效果将更加持久和稳定。

（3）音乐放松训练

我们还可以试着学习一些音乐放松训练，这对缓解我们的不良情绪有积极作用，并且安全性较高。

身边的人患上绝症了，怎么做

（1）提供科学的信息

一方面，这样做便于更科学地照料其身体和生活；另一方面，可以有选择性地作为信息支持提供给他，帮助他对自己的身体状况、可能的发展结果有更理性的认识。

（2）帮他更从容地面对疾病

向他表达理解、支持和鼓励，让他感受到强大的社会支持力量，从而更有信心面对疾病，也能减少孤独和抑郁情绪。

（3）帮他完成一些有价值的事

帮他完成一些未完成的愿望，或者承诺处理一些他所担心或放不下的事情。若有多余的精力，可以帮助他寻求或创建病友互助组织，这类组织是很重要的信息和社会支持来源。

若患者有以下情况，请及时寻求专业人士帮助

上文提到，抑郁和焦虑是严重病症中最常出现的负面情绪。

如果你发现身边的重病病人已出现比较严重的抑郁和焦虑倾向，并且这些现象在他身上持续了一段时间，应及时带他向专业的心理咨询师进行咨询。以下是患者处于严重抑郁和焦虑状态时的几种表现。

① 每天的大部分时间都处于心情抑郁或快感缺失的状态。

② 近期体重变化或食欲改变明显。

③ 睡眠过多或过少。

④ 精神异常亢奋或不振。

⑤ 过度内疚并感到自己没有价值。

⑥ 出现自杀的想法。

最后我想对你说，我们拥有相似的生命，相似的对于幸福的假想。疾病是我们每个人都可能接到的来自命运的战书，它可以影响我们生命的长度，但未必能摧毁我们的幸福。

如果你恰好接到这样一份战书，抱抱自己，不用慌，相信你可以通过自己的努力，走好现在的每一步，直至看见光明的到来。

亲人得了绝症：家属该怎么做

赵逸雪

当那个可怕的名词从医生口中说出时，你的脑子一下子失去了理智，整个人都瘫软了，我们都知道，接下来的日子不轻松。

看着他孱弱地躺在病床上，五花八门的管子将各种药物输入他的体内，你心疼不已。

当他的脾气因为病痛的折磨越来越暴躁，你只能忍住悲痛和委屈的心情暗自流泪。

当他清醒时紧拉你的手，回忆曾经的美好时光，你多想让时间停在这一秒，想到可能的永别，你又感到心如刀绞……

我们无法完全体会你的感受，但很希望分享一些心理学知识，帮助你更好地应对这些困扰，积极而勇敢地渡过这个难关。

亲人患上绝症，对家属的影响

生活节奏被打乱

“病号餐还没有做，孩子马上就要放学了，还没有跟老板请假……”

这种生活节奏完全被打乱的感受往往产生在肩负较多照料任务，同时又有着正常社会职位的成年家属的身上。这样大的变故，可能会导致你在社会角色、家庭角色等的权衡和适应上，面临新的挑战。

迷茫失控，无助绝望

“我无论做什么都没有用了！”“这不可能是真的……”

对于他所经历的病痛，我们往往会觉得无论怎么努力都没用，也因此感到绝望和无力。

甚至有些时候，我们会难以接受现实、否认他的病情，出现想要逃避的冲动。

情绪持续低落

“我的心像被冷水浸泡着，我对周围的一切都失去了兴趣。”

亲人患上重病，对每个人来说都是一个巨大的打击，家属也容易出现情绪低落、兴趣减退的现象。这种打击在年龄较长或和患者关系亲密的亲属身上影响更大，抑郁的可能性也随之增加。

感到恐惧与紧张

“想到他的离开，我很怕……”

你可能会因为亲人的病情恶化和疾病可能的遗传风险而感到恐惧和不安。甚至在毫无缘由、没有坏消息的情况下，你也会没来由地感到害怕。

易怒与烦躁

“窗外的汽车声好吵，今天的工作任务好烦……为什么我这么容易烦躁呢？”

在这段时间，即使是日常生活中的一些小事也会让你心情烦躁，难以静下心来。

身体上出现不适

“头痛，昨晚又睡不着了，整个人都不好了。”

我们的身体同样可能会体验以下变化。

① 疼痛：你会出现背痛、头疼、肌肉疼痛和紧张的情况。

② 睡眠质量下降：你会出现失眠多梦、入睡困难的情况。

③ 疲劳：你会出现筋疲力尽、疲惫乏力的情况。

④ 体重：体重下降，食欲减退。

注意：如果上述反应你出现 2 条及以上，且持续时间超过 2 周，已经较难维持正常生活，请及时向医生和心理咨询师寻求帮助。

亲人患上绝症，家属该怎么做

这段时间，相信你也处于极大的压力和痛苦中。但保持自己的身心健康，才能更好地照顾他。下面这些方法或许能够帮助到你。

警惕“照料者抑郁”的侵袭

“照料者抑郁”是照料者由于承担繁重的照料角色和过重压力而产生的情绪障碍，表现为孤独感、孤立感、恐惧和易怒。

照料者压力来自照料者时间、社会角色、生理和心理状态、经济来源、医疗资源等照料资源受限。

作为照料者，尤其是患者的家长、配偶，我们会更接近生病的亲人，因而可能会更切身地感受到他病程的发展，也更能体会病情恶化带来的生理上和心理上的痛苦，这可能会让我们的心理和生理受到较大的影响。

甚至，我们还要付出额外的精力，承担起安抚家庭情绪的工作，这会进一步导致我们难以平衡工作、家庭、照料负担之间的关系，最后身心越来越疲惫。

所以，如果你是他的主要照料者，请及时察觉自己的情绪变化和生理上的不适，切勿因忙于照料而忽视了对自己身心状况的关注。

适当地宣泄与哭泣

突如其来的压力，负面情绪过多的堆积可能会让我们不堪重负。

如果你感到心痛、悲伤或压力很大，可以找个安全、不被打扰的地方，找个可以信赖的人痛痛快快地倾诉或是哭一场，这些行为有益于缓解你的负面情绪。

行动起来，直面焦虑

得知亲人患上绝症后，不同的人会有不同的应对方式：有的人会努力缓解情绪，选择直面问题并努力解决；有的人会用逃避的方式，选择不去面对。在这些应对方式中，直面问题并努力解决是最能缓解焦虑的方式。

如果焦虑源于对他的病情和治疗情况的不了解，那么我们就可以找个时间，坐下来和医生好好谈谈；如果焦虑源于对失去亲人的恐惧，那就珍惜当下的每一分每一秒，给他按摩身体、做顿美味的病号餐、陪他聊聊天。

“我已经很棒了”：进行积极的自我激励

面对亲人病情的恶化，我们很容易感到自我效能感的降低。面对这些考验时，我们会开始觉得自己什么都做不好。这时我们可以采取积极的心理暗示来缓解负面情绪的侵袭：成功做出一顿美味的病号餐、渐渐能够控制自己的情绪或者发现自己比之前有进步，无论是多么微不足道的进步，在这些时刻，请告诉自己："我真的很棒。"

渐渐地你会发现，这样的考验会让你更加勇敢和坚强。

在这段艰难的日子里，当你感到恐惧，出现心跳加速、手脚冰凉、发抖等症状时，也可以通过以下这些自我激励的方式，减轻自己的恐惧。

① 深吸一口气，闭上眼睛。

② 告诉自己"我能应付这一切""我感觉良好""一切都很好"。

③ 不断重复上述话语，注意慢慢地呼吸。

照顾好自己，才能更好地照顾他

最理想的临终关怀不仅包括对患者身体上的照料，也包括为患者提供高质量的情感陪伴。但照料者如果持续处于过度疲劳、心理压力过大的情况中，将非常不利于照料质量和照料者自身健康的维持。

因此，想要实现高质量的照料工作，让患者过得更加舒适、幸福，首先要保证你——作为他最直接的接触对象——能够拥有积极向上的、健康的身心状态。

在这段时间，你可以趁着轮班的空隙，积极锻炼，保持适当休息，维持饮食的均衡等，同时我们也可以通过与朋友交流、出行散心、听音乐等方式，让心理状态保持在较良好的水平。

我们只有保持良好状态，才能为我们的亲人提供高质量的照料、营造积极乐观的小环境和生活氛围。

勇敢向他说“爱”

在这段宝贵的时间里，不要忘记勇敢地用语言或行动表达自己的爱。

在他精神良好的情况下，陪他散散步、聊聊天，每天给他一个甜甜的微笑、一个暖暖的拥抱、一束美丽的鲜花，告诉他你对他一直以来的爱和感谢……

当他能够接受你的爱并做出回应时，你们两人的负面情绪都可以得到很大程度的缓解，同时你也会感受到自己努力的价值。

最后，若是我们的亲友正在经历亲人绝症，我们可以多给他一些情感上的支持，这能有效降低他的心理和生理出现疾病的风险，使他保持一个更好的生活状态。

写在最后

尼采曾说：“凡不能毁灭我的，必将使我强大。”

愿每个正在经历亲人病痛的你，都能走出恐惧和焦虑；在陪伴患病亲人的日子里，依旧能收获很多美好的瞬间。

参考文献

高压状态：学习或其他压力太大

[1] 黄海艳 . 绩效评价导向对研发人员的工作压力——工作绩效曲线关系的调节作用 [J]. 科学学与科学技术管理，2014，35（07）：162-170.

[2] 李永娟，蒋丽，胥遥山，王璐璐 . 工作压力与社会支持对安全绩效的影响 [J]. 心理科学进展，2011，19（03）：318-327.

[3] 罗玉越，舒晓兵，史茜 . 付出 - 回馈工作压力模型：西方国家十年来研究的回顾与评析 [J]. 心理科学进展，2011，19（01）：107-116.

[4] 孟林，杨慧 . 心理资本对大学生学习压力的调节作用——学习压力对大学生心理焦虑、心理抑郁和主观幸福感的影响 [J]. 河南大学学报（社会科学版），2012，52（03）：142-150.

[5] 帕斯托里诺，等 . 什么是心理学 [M]. 陈宝国，等译 . 北京：中国人民大学出版社，2013.

[6] 黎娟 . 工作绩效：工作压力与应对方式的影响研究 [J]. 社会心理科学，2014（10）：5.

[7] 林玲，唐汉瑛，马红宇 . 工作场所中的反生产行为及其心理机制 [J]. 心理科学进展，2010，18（01）：151-161.

[8] 苏茜，郭蕾蕾 . 压力负荷量表在中国护士群体中应用的信效度检验 [J]. 中华护理杂志，2014，49（10）：1264-1268.

[9] 石林 . 工作压力的研究现状与方向 [J]. 心理科学，2003（03）：494-497.

[10] 熊猛，叶一舵 . 心理资本：理论、测量、影响因素及作用 [J]. 华东师范大学学报（教育科学版），2014，32（03）：84-92.

[11] 韦慧民，赵鹤 . 从工作中的心理解脱：概念、测量及影响因素 [J]. 心理科学进展，2015，23（05）：897-906.

[12] 吴纳 . 职场新人工作压力与工作投入的关系研究：组织支持感的调节作用 [D]. 中国矿业大学，2015.

[13] 吴伟炯，刘毅，路红，谢雪贤 . 本土心理资本与职业幸福感的关系 [J]. 心理学报，2012，44（10）：1349-1370.

[14] 游丽琴 . 社会支持对工作压力与工作倦怠关系的调节作用 [J]. 中国预防医学杂志，2013，14（12）：896-900.

[15] 张洪庆 . 导游人员工作压力、归因方式及工作倦怠的关系研究 [D]. 曲阜师范大学，2012.

[16] 张炼，张进辅 . 压力应对的性别差异及相关的生物学机制 [J]. 心理科学进展，2003（02）：202-208.

[17] 张若勇，刘新梅，沈力，王海珍.服务氛围与一线员工服务绩效：工作压力和组织认同的调节效应研究 [J]. 南开管理评论，2009，12（03）：4-11+26.

[18] 仲理峰 . 心理资本对员工的工作绩效、组织承诺及组织公民行为的影响 [J]. 心理学报，2007（02）：328-334.

[19] 朱巨荣 . 中学生学习压力、学习动机、学习自信心与学业成就的关系研究 [D]. 华中师范大学，2014.

[20] FRITZ C，YANKELEVICH M，ZARUBIN A，et al. Happy，healthy，and productive：The role of detachment from work during nonwork time[J]. Journal of Applied Psychology，2010，95（5）：977-983.

[21] 格里格，津巴多 . 心理学与生活（英文版）[M]. 王垒，等译 . 北京：人民邮电出版社，2011.

[22] SCHAUBROECK，et al. Collective efficacy versus self-efficacy in coping responses to stressors and control：A cross-cultural study[J]. Journal of Applied Psychology，2000.

容貌焦虑：我是丑小鸭

[1] BENFORD K，SWAMI V. Body image and personality among British men：Associations between the Big Five personality domains，drive for muscularity，and body appreciation[J]. Body

Image, 2014, 11(4): 454-457.

[2] DION K L, DION K K, KEELAN J P. Appearance anxiety as a dimension of social-evaluative anxiety: Exploring the ugly duckling syndrome[J]. Journal of Personality and Social, 1990.

[3] FREDRICKSON B, ROBERTS T. Objectification theory: Toward understanding women's lived experiences and mental health risks[J]. Psychology of Women Quarterly, 2010, 21(2): 173-206.

[4] HEBL. The swimsuit becomes us all: Ethnicity, gender, and vulnerability to self-objectification[J]. Personality and Social Psychology Bulletin, 2004, 30(10): 1322.

[5] KEERY H, BERG P, THOMPSON J K . An evaluation of the tripartite influence model of body dissatisfaction and eating disturbance with adolescent girls[J]. Body Image, 2004, 1(3): 237-251.

[6] SWAMI, WEIS, BARRON, et al. Positive body image is positively associated with hedonic (emotional) and eudaimonic (psychological and social) well-being in British adults[J]. The Journal of Social Psychology, 2018.

[7] 拉希德，塞利格曼. 积极心理学治疗手册 [M]. 邓之君，译. 北京：中信出版社，2020.

[8] TIGGEMANN M, MILLER J. The Internet and adolescent girls'

weight satisfaction and drive for thinness[J]. Sex Roles, 2010, 63(1): 79-90.

上瘾：网瘾停不下来

[1] CHANG F C, CHIU C H , LEE C M, et al. Predictors of the initiation and persistence of Internet addiction among adolescents in Taiwan, China[J]. Addictive Behaviors, 2014, 39(10): 1434-1440.

[2] COLE, SADIE H, HOOLEY, et al. Clinical and personality correlates of MMO gaming: Anxiety and absorption in problematic Internet use[J]. Social Science Computer Review, 2013.

[3] KO C H , WANG P W, LIU T L, et al. Bidirectional associations between family factors and Internet addiction among adolescents in a prospective investigation[J]. Psychiatry and Clinical Neurosciences, 2015, 69(4): 192-200.

[4] LI D, LI X, WANG Y, et al. School connectedness and problematic Internet use in adolescents: A moderated mediation model of deviant peer affiliation and self-control[J]. Journal of Abnormal Child Psychology, 2013, 41(8): 1231-1242.

[5] SHI J, CHEN Z, TIAN M. Internet self-efficacy, the need for

cognition, and sensation seeking as predictors of problematic use of the Internet[J]. Cyberpsychology Behavior and Social Networking, 2011, 14(4): 231-234.

[6] 邓林园，张锦涛，方晓义，刘勤学，汤海艳，兰菁 . 父母冲突与青少年网络成瘾的关系：冲突评价和情绪管理的中介作用 [J]. 心理发展与教育，2012，28(05)：539-544.

[7] 魏华，周宗奎，张永欣，丁倩 . 压力与网络成瘾的关系：家庭支持和朋友支持的调节作用 [J]. 心理与行为研究，2018，16(02)：266-271.

[8] 张熳，潘晓群 . 江苏省中学生受欺侮行为与网络成瘾的相关性 [J]. 中国学校卫生，2012，33(06)：689-690+693。

父母离婚：父母分开时，孩子该充当什么角色

[1] ADLER-BAEDER F, HIGGINBOTHAM B. Implications of remarriage and stepfamily formation for marriage education[J]. Family Relations, 53(5), 448-458.

[2] AMATO P R. Research on divorce: Continuing trends and new developments[J]. Journal of Marriage and Family, 2010, 72(3): 650-666.

[3] 尼克尔斯，戴维斯，家庭治疗：概念与方法（第 11 版）[M]. 方晓义婚姻家庭治疗课题组，译 . 北京：北京师范大学出版社，

2018.

[4] 徐安琪，叶文振 . 父母离婚对子女的影响及其制约因素——来自上海的调查 [J]. 中国社会科学，2001(06)：137-149+207.

[5] 田国秀，陈盈 . 破茧而生 [M]. 北京：北京出版社，2019.

校园暴力：不敢去上学，谁来帮帮我

[1] UNESCO.School violence and bullying global status report [R/OL].（2017-08-01）[2022-08-23] .

[2] 季成叶 . 预防校园暴力：一项值得高度关注的公共卫生课题 [J]. 中国学校卫生，2007(03)：193-196.

[3] 李俊杰 . 校园欺凌基本问题探析 [J]. 上海教育科研，2017(4)：5-9，15.

[4] 张旺 . 美国校园暴力：现状、成因及措施 [J]. 青年研究，2002(11)：44-49.

[5] 汪宇峰 . 校园暴力成因分析及教育对策 [J]. 当代青年研究，1999(04)：29-32.

[6] 刘文利，魏重政 . 面对校园欺凌，我们怎么做 [J]. 人民教育，2016，744(11)：13-16.

[7] 吕鹏，刘芳 . 受欺凌青少年的“沉默真相”及其行动逻辑——基于代际情感互动的视角 [J]. 中国青年研究，2022(03)：63-70.

[8] 佟丽华. 反校园欺凌手册 [M]. 北京：北京少年儿童出版社，2017.

人际孤立：被他人孤立和排斥

[1] ERNST J M，CACIOPPO J T . Lonely hearts：Psychological perspectives on loneliness[J]. Applied and Preventive Psychology，1999，8(1)：1-22.

[2] EISENBERGER，LIEBERMAN，WILLIAMS. Does rejection hurt? An fMRI study of social exclusion[J]. Science，2003，302(5643)：290-292.

[3] ZHONG C B，LEONARDELLI G J. Cold and lonely：does social exclusion literally feel cold?[J]. Psychological Science，2008，19(9)：838-842.

[4] DEWALL C N，TWENGE J M，GITTER S A，et al. It's the thought that counts：The role of hostile cognition in shaping aggressive responses to social exclusion[J]. Journal of Personality and Social Psychology，2009，96(1)：45-59.

[5] TWENGE J M，BAUMEISTER R F，TICE D M，et al. If you can't join them，beat them：Effects of social exclusion on aggressive behavior[J]. Journal of Personality and Social Psychology，2001，81(6)：1058-1069.

[6] GONSALKORALE K, WILLIAMS K D. The KKK won't let me play: ostracism even by a despised outgroup hurts[J]. European Journal of Social Psychology, 2010, 37(6): 1176-1186.

[7] PINAR, ÇELIK, et al. Not all rejections are alike; competence and warmth as a fundamental distinction in social rejection[J]. Journal of Experimental Social Psychology, 2013.

[8] WILLIAMS K D, CHEUNG C, CHOI W. Cyberostracism: effects of being ignored over the Internet[J]. Journal of Personality and Social Psychology, 2000, 79(5).

[9] LAKIN J L , CHARTRAND T L , ARKIN R M . I am too just like you nonconscious mimicry as an automatic behavioral response to social exclusion[J]. Psychological science, 2008, 19(8): 816-822.

[10] HESS Y D, PICKETT C L. Social rejection and self- versus other-awareness[J]. Journal of Experimental Social Psychology, 2010, 46(2): 453-456.

[11] KIM, VINCENT, GONCALO. Outside advantage: Can social rejection fuel creative thought?[J]. Journal of Experimental Psychology. General, 2013, 142(3): 605-611.

[12] DEWALL C N, DECKMAN T, POND R S, et al. Belongingness as a core personality trait: How social exclusion influences social functioning and personality expression[J]. Journal of Personality,

2011, 79(6): 979-1012.

[13] DEWALL, BUSHMAN. Social acceptance and rejection: The sweet and the bitter[J]. Current Directions in Psychological Science, 2011, 20(4), 256-260.

[14] AYDIN, FISCHER, FREY. Turning to god in the face of ostracism: Effects of social exclusion on religiousness[J]. Personality & Social Psychology Bulletin, 2010, 36(6), 742-753.

[15] DEWALL C N, TWENGE J M, BUSHMAN B, et al. A little acceptance goes a long way applying social impact theory to the rejection-aggression link[J]. Social Psychological and Personality Science, 2010, 1(2): 168-174.

[16] BASKIN T W, WAMPOLD B E, QUINTANA S M, et al. Belongingness as a protective factor against loneliness and potential depression in a multicultural middle school[J]. Counseling Psychologist, 2010, 38(5): 626-651.

[17] CARBONE D J. Using cognitive therapies to treat unstable attachment patterns in adults with childhood histories of social rejection[J]. Journal of Aggression Maltreatment and Trauma, 2010, 19(1): 105-134.

[18] 杜建政，夏冰丽 . 心理学视野中的社会排斥 [J]. 心理科学进展，2008，16(6)，981-986.

[19] MICHAEL, PAPSDORF, et al. Mediators of social rejection in social anxiety: Similarity, self-disclosure, and pvert signs of anxiety[J]. Journal of Research in Personality, 1998, 32(3): 351-369.

[20] BAUMEISTER R F, TICE D M. Point-counterpoints: Anxiety and social exclusion[J]. Journal of Social and Clinical Psychology, 1990, 9(2): 165-195.

[21] LEARY, MARK R. Responses to Social Exclusion: Social anxiety, jealousy, loneliness, depression, and low self-esteem[J]. Journal of Social and Clinical Psychology, 1990, 9(2): 221-229.

[22] 徐同洁，胡平，郭秀梅 . 社会排斥对人际信任的影响：情绪线索的调节作用 [J]. 中国临床心理学杂志，2017，25(06)：1064-1068.

分手：如何有效告别一段感情

[1] DAVIS D, SHAVER P R, VERNON M L. Physical, Emotional, and behavioral reactions to breaking up: The roles of gender, age, emotional involvement, and attachment style[J]. Personality and Social Psychology Bulletin, 2003, 29(7): 871-884.

[2] HAZAN C, SHAVER P. Romantic love conceptualized as an

attachment process[J]. Joural of Personality and Social Psychology, 1987, 52(3): 511-524.

[3] HELEN, FISHER, et al. Intense, passionate, romantic love: a natural addiction? how the fields that investigate romance and substance abuse can inform each other[J]. Frontiers in Psychology, 2016, 7.

[4] 苏虹，杜秀敏，杨志刚，宋耀武. 失恋心境和失恋情绪诱发对冒险行为的影响 [J]. 心理科学，2015，38(2)：414-419.

[5] TASHIRO T, FRAZIER P. “I’ll never be in a relationship like that again”: Personal growth following romantic relationship breakups[J]. Personal Relationships, 2003, 10(1).

[6] GARIMELLA K, WEBER I, CIN S D. From “I love you babe” to “leave me alone” -romantic relationship breakups on twitter[J]. Springer International Publishing, 2014.

怀孕：如何克服怀孕时期的重重挑战

[1] 范红霞，聂戈. 身体意象影响孕产妇健康的研究进展 [J]. 护理研究，2017，31(12)：1413-1416.

[2] 钱敏. 生孩子会导致记忆力减退吗 ?[J]. 婚育与健康 2016(2)：11.

[3] 顾横. 一孕傻三年 ?[J]. 大科技（科学之谜），2016(05)：46-47.

[4] 黄歆．孕期妇女情绪状态的分析 [J]. 中国中医药咨讯，2010，02(3)：134-135.

[5] 张丽，陈景清，詹来英．家庭支持与妊娠期和产后抑郁症病情的关系 [J]. 护理研究，2007(28)：2594-2596.

[6] 魏海茹，杜义敏，安翠霞，张培，李丽雅，戎瑞芳，李聪捷．社会支持与孕妇总体幸福感的相关研究 [J]. 中国健康心理学杂志，2012，20(10)：1487-1489.

[7] 尉蔚，王培娟，吕锡梅，于倞，张荣君．分娩知识储备对分娩方式的影响 [J]. 中国基层医药，2007，14(10)：1739-1740.

[8] 孙媛，陈雪，曹静，刘晓巍，祝卓宏．孕妇焦虑抑郁情绪的正念练习效果研究 [J]. 中国实用妇科与产科杂志，2017，33(07)：715-720.

[9] 周维．音乐疗法对缓解保胎孕妇焦虑情绪的效果研究 [D]. 中南大学，2007.

[10] 张海瑛，宁海燕，马丽．产前瑜伽练习对孕妇抑郁和焦虑影响 [J]. 航空航天医学杂志，2016，27(11)：1398-1399.

[11] 王琴，何国平．孕妇家庭功能状况及相关因素调查 [J]. 护理学杂志，2007(04)：58-60.

[12] 欧阳争超，郭松，姜佐宁．物质滥用障碍共患疾病的临床诊断与治疗进展 [J]. 中国药物依赖性杂志，2005(01)：13-16.

结婚：结婚这种大喜事居然让我焦虑不安

[1] 江波 . 克服婚前焦虑症有计可施 [J]. 家庭医学，2012(11)：42.

[2] 侯玉波 . 社会心理学 [M]. 北京：北京大学出版社，2007：204.

[3] HOLMES，RAHE，PRESS. Social readjustment rating scale[J]. Journal of Psychosomati Research，1967(11)：213-218.

[4] 张明园，樊彬，蔡国钧，迟玉芬，吴文源，金华 . 生活事件量表：常模结果 [J]. 中国神经精神疾病杂志，1987(02)：70-73.

[5] 姜乾金 . 压力（应激）系统模型：解读婚姻 [M]. 北京：浙江大学出版社，2011.

[6] 刘冲 . 焦虑背景下青年婚恋的“急”与“恐”[J]. 乐山师范学院学报，2012，27(10)：103-106.

[7] 陈美凤 . 焦虑症状的临床诊断和治疗 [J]. 齐齐哈尔医学院学报，2012，33(12)：1625-1626.

[8] 熊昆武，谢蓉，王珊，等 . 抑郁症的诊断及治疗文献综述 [J]. 心理医生，2017，023(004)：5-7.

[9] 欧阳争超，郭松，姜佐宁 . 物质滥用障碍共患疾病的临床诊断与治疗进展 [J]. 中国药物依赖性杂志，2005(01)：13-16.

被背叛：被信任的人背叛和欺骗

[1] FARLEY S D，HUGHES S M，LAFAYETTE J N. People will know we are in love：Evidence of differences between vocal

samples directed toward lovers and friends[J]. Journal of Nonverbal Behavior, 2013, 37(3): 123-138.

[2] 张雯，李英倢 . 婚姻不忠：美国近六十年的研究成果和走向 [J]. 中国临床心理学杂志，2014，22(02)：362-366+372.

[3] 李恩洁，凤四海 . 报复的理论模型及相关因素 [J]. 心理科学进展，2010，18(10)：1644-1652.

[4] 陈晓，高辛，周晖 . 宽宏大量与睚眦必报：宽恕和报复对愤怒的降低作用 [J]. 心理学报，2017，49(02)：241-252.

[5] YSSELDYK R, MATHESON K, ANISMAN H. Rumination: Bridging a gap between forgivingness, vengefulness, and psychological health[J]. Personality and Individual Differences, 2007, 42(8): 1573-1584.

[6] 古若雷，罗跃嘉 . 焦虑情绪对决策的影响 [J]. 心理科学进展，2008(04)：518-523.

[7] QUOIDBACH J, GILBERT D T, WILSON T D. The end of history Illusion[J]. Science, 2013, 339(6115): 96-98.

[8] 俞其仙 . 谈谈心理的补偿作用及其教育 [J]. 湖州师专学报，1985(04)：107-109+106.

[9] GERSHMAN S N, SAKALUK S K. No coolidge effect in decorated crickets[J]. Ethology, 2010, 115(8): 774-780.

[10] MASTERS W H, JOHNSON V E, KOLODNY R C. [Book review] crisis, heterosexual behavior in the age of aids[J]. Journal

of Abnormal and Social Psychology, 1989, 49(1): 217-220.

[11] MAHALIA, JACKMAN. Understanding the cheating heart: What determines infidelity intentions?[J]. Sexuality and Culture, 2014, 19(1): 72-84.

[12] 罗辉辉，孙飞 . 情绪宣泄方式与心理健康的关系研究 [J]. 科协论坛（下半月），2010(09)：62-63.

[13] 孔荣，邓林园 . 大学生恋爱冲突对恋爱关系质量的影响：冲突解决模式的调节作用 [J]. 心理技术与应用，2017，5(03)：160-168.

[14] ATKINS D C, ELDRIDGE K A, Baucom D H, et al. Infidelity and behavioral couple therapy: Optimism in the face of betrayal[J]. Journal of Consulting and Clinical Psychology, 2005, 73(1): 144-150.

[15] LYDIA F, EMERY, WENDI L, et al. “You’ve changed” : low self-concept clarity predicts lack of support for partner change[J]. Personality and social psychology bulletin, 2017.

[16] 许晓璠 . 认识自我的途径：内省和他人反馈 [D]. 西南大学，2016.

[17] Bollich K L, Johannet P M, Simine V. In search of our true selves: Feedback as a path to self-knowledge[J]. Frontiers in Psychology, 2011, 2: 312.

[18] Buchholz E S, Chinlund C. En route to a harmony of being:

Viewing aloneness as a need in development and child analytic work.[J]. Psychoanalytic Psychology，1994，11(3)：357-374.

[19] 张松 . 倾听是心理咨询师的基本功 [J]. 中国心理卫生杂志，2006(10)：687-688.

[20] 艾丽丽，李朝旭，李蕊，刘阳 . 大学生爱情关系质量影响因素初探 [C]//. 增强心理学服务社会的意识和功能——中国心理学会成立 90 周年纪念大会暨第十四届全国心理学学术会议论文摘要集 .[出版者不详]，2011：685.

[21] 赵冬梅，申荷永，刘志雅 . 创伤性分离症状及其认知研究 [J]. 心理科学进展，2006(06)：895-900.

职业倦怠：工作又累又烦，想辞职了

[1] MASLACH C，SCHAUFELI W B，LEITER M P . Job burnout [J]. Annual Review of Psychology，2001，52(1)：397.

[2] 曾玲娟，伍新春 . 国外职业倦怠研究概说 [J]. 沈阳师范大学学报 (社会科学版)，2003(01)：81-84.

[3] 刘姣姣，奚耕思，刘倩，薛丽娟 . 职业倦怠与焦虑的相关性及其生物学基础研究 [J]. 现代生物医学进展，2012，12(21)：4131-4135.

[4] 刘晓明，王文增 . 中小学教师职业倦怠与心理健康的关系研究 [J]. 中国临床心理学杂志，2004(04)：357-358+361.

[5] 郭思，钟建安.职业倦怠的干预研究述评[J].心理科学，2004(04)：931-933.

[6] 严慧中，胡姗，桑青松.企业科技工作者职业倦怠与社会支持的关系[J].中国健康心理学杂志，2017，25(11)：1667-1673.

[7] 仇悦，金戈，张国礼.企业员工社会支持和主观幸福感的关系-情绪调节的中介作用简介[J].中国健康心理学杂志，2016，0(11)：1645-1650.

[8] 薛立娟，奚耕思，刘倩，刘姣姣.职业倦怠与抑郁症的相关性及其生物学基础研究[J].现代生物医学进展，2012，12(26)：5163-5166.

[9] 黄赐英.职业倦怠：制约教师专业发展的一种重要因素[J].中国教育学刊，2005(08)：61-64.

关系倦怠：关系越来越淡，这份感情还有救吗

[1] STRONG G J. Boredom in romantic relationships[J]. Dissertations and Theses-Gradworks，2008.

[2] BAUMEISTER. Passion，intimacy，and time：passionate love as a function of change in intimacy[J]. Personality and Social Psychology Review，1999（3）：49-67

[3] MILLER，PERLMAN，D.Intimate Relationship[M]. NY：McGraw-Hill Company，2010.

[4] FISHER C D. Boredom at Work：A Neglected Concept[J]. Human Relations，1993，46(3)：395-417.

[5] STERNBERG R J. Cupid's Arrow - The Course of Love through Time[M]. London：Cambridge University Press，1998.

[6] HARVEY J H，OMARZU J. Minding the close relationship[J]. Personality and Social Psychology Review，1997，1(3)：224-240.

[7] GROTE N K，CLARK M S. Perceiving unfairness in the family：Cause or consequence of marital distress?[J]. Journal of Personality and Social Psychology，2001，80(2)：281.

[8] KEITH S P M. Equity and depression among married couples.[J]. Social Psychology Quarterly，1980，43(4)：430-435.

[9] GABLE S L，GONZAGA G C，STRACHMAN A. Will you be there for me when things go right? Supportive responses to positive event disclosures.[J]. Journal of Personality and Social Psychology，2006，91(5)：904-917.

[10] COLLINS N L，MILLER L C. Self-disclosure and liking[J]. Psychological Bulletin，1994，116(3)：457-475.

[11] FISHER C D. Boredom at Work：A neglected concept[J]. Human Relations，1993，46(3)：395-417.

[12] SANDERSON C A，Cantor N. The association of intimacy goals and marital satisfaction：A test of four mediational hypotheses[J].

Personality & Social Psychology Bulletin, 2001, 27(12): 1567-1577.

[13] ARON A, ARON E N, NORMAN C, et al. The self-expansion model of motivation and cognition in close relationships[M]. New York: John Wiley & Sons, Ltd, 2007.

[14] BROWN, SAMUEL L. Gaertner.Blackwell handbook of social psychology: Interpersonal processes[M]. MA: Blackwell Publishers Inc., 2001.

[15] ARON A, NORMAN C C, ARON E N, et al. Couples' shared participation in novel and arousing activities and experienced relationship quality[J]. Journal of Personality and Social Psychology, 2000, 78(2): 273-284.

[16] REISSMAN C, ARON A, BERGEN M R. Shared activities and marital satisfaction: Causal direction and self-expansion versus boredom[J]. Journal of Social and Personal Relationships, 1993, 10(2): 243-254.

[17] MILLER, PERLMAN D. Intimate Relationship[M]. NY: McGraw-Hill Company, 2010.

亲子危机：孩子叛逆少言

[1] 陈晓，周晖．自古圣贤皆“寂寞”？——独处及相关研究 [J]. 心

理科学进展，2012，20(11)：1850-1859.

[2] 于海波，张进辅 . 国外关于倾诉效果的研究综述 [J]. 心理学动态，2000(03)：67-72.

[3] GOOSSENS L，MARCOEN A. Adolescent loneliness，self-reflection，and identity：From individual differences to developmental processes[M].New York：Cambridge，1999.

[4] GOOSSENS L. Affect，emotion，and loneliness in adolescence[J]. Psychology Press，2006.

[5] GOOSSENS L. Affinity for aloneness in adolescence and preference for solitude in childhood：Linking two research traditions[J]. Wiley-Blackwell，2014.

[6] HAZEL，NICHOLAS，et al. Parent relationship quality buffers against the effect of peer stressors on depressive symptoms from middle childhood to adolescence.[J]. Developmental Psychology，2014，50(8)：2115-23.

[7] LARSON R W. The emergence of solitude as a constructive domain of experience in early adolescence[J]. Child Development，1997，68(1)：80-93.

[8] KENNETH H. RUBIN，ROBERT J. COPLAN，JULIE C. Bowker. Social withdrawal in childhood[J].Annual Review of Psychology，2009，60：141-171.

[9] SL SOHR-PRESTON，SCARAMELLA L V，MARTIN M J，et

al. Parental socioeconomic status, communication, and children's vocabulary development: A third - generation test of the family investment model[J]. Child Development, 2013, 84(3).

[10] 尼克尔斯，戴维斯 . 家庭治疗：概念与方法（第 11 版）[M]. 方晓义婚姻家庭治疗课题组，译 . 北京：北京师范大学出版社，2018.

[11] 卢丹丹 . 家庭中的 52 个正面管教工具 [M]. 上海：中国妇女出版社，2018.

退休：社会不需要我了

[1] ADAMS G A, RAU B L. Putting off tomorrow to do what you want today: Planning for retirement.[J]. American Psychologist, 2011, 66(3): 180.

[2] BURN K, SZOEKE C. Grandparenting predicts late-life cognition: Results from the women's healthy ageing project[J]. Maturitas, 2015, 81(2): 317-322.

[3] CHOI S, ZHANG Z. Caring as curing: Grandparenting and depressive symptoms in China[J]. Social Science and Medicine, 2021, 289, 114452-114452.

[4] GROTZ C, MATHARAN F, AMIEVA H, et al. Psychological transition and adjustment processes related to retirement:

Influence on cognitive functioning[J]. Aging and Mental Health, 2016: 1.

[5] LI W, YE X, ZHU D, et al. The Longitudinal association between retirement and depression: A systematic review and meta-analysis[J]. American Journal of Epidemiology, 2021(10): 2220-2230.

[6] MENG S L, LI L. Changes in depressive symptoms from pre-to postretirement over a 20-year span: The role of self-perceptions of aging[J]. Journal of Affective Disorders, 2021.

[7] MEIN G. Is retirement good or bad for mental and physical health functioning? Whitehall II longitudinal study of civil servants[J]. Journal of Epidemiology & Community Health, 2003, 57(1): 46-49.

[8] SHIN O, PARK S, AMANO T, et al. Nature of retirement and loneliness: The moderating roles of social support[J]. Journal of Applied Gerontology, 2020, 39(12): 1292-1302.

[9] SOLINGE H V, HENKENS K. Adjustment to and satisfaction with retirement: Two of a kind?[J]. Psychology and Aging, 2008, 23(2): 422-434.

[10] SHULTZ K, WANG M. Psychological perspectives on the changing nature of retirement[J]. Social Science Electronic Publishing.

[11] MARIEKE, VAN, WILLIGEN. Differential benefits of volunteering across the life course[J]. Journals of Gerontology Series B-Psychological Sciences and Social Sciences , 2000, 55, S308-S318.

[12] 史学莉 . 退休综合症心理咨询策略探究 [J]. 青年与社会：下，2015(10)：224-225.

[13] 王一笑 ."时间银行"助老养老模式推行的可行性研究 [J]. 老龄科学研究，2017，5(06)：26-39.

空巢老人：老人也需要爱与陪伴

[1] BAI X, LAI D W L, GUO A. Ageism and depression: Perceptions of older people as a burden in china[J]. Journal of Social Issues, 2016, 72(1).

[2] BOUCHARD, GENEVIÈVE. A dyadic examination of marital quality at the empty-nest phase[J]. International Journal of Aging and Human Development, 2017, 86(1): 34-50.

[3] CHOPIK, WILLIAM J. Associations among relational values, support, health, and well-being across the adult lifespan[J]. Personal Relationships, 2017, 24(2): 408-422.

[4] ELLA C S, DIKLA S K, LIAT A. Longitudinal dyadic effects of aging self-perceptions on health[J]. The Journals of Gerontology:

Series B, 2020, 76(5): 900-909.

[5] GAN D R Y , BEST J R . Prior social contact and mental health trajectories during COVID-19: Neighborhood friendship protects vulnerable older adults[J]. International Journal of Environmental Research and Public Health, 2021(19): 9999.

[6] MIN G, YANYU L, SHENGFA Z, et al. Does an empty nest affect elders' health? empirical evidence from China[J]. International Journal of Environment Research, 2017, 14(5): 463.

[7] HE W, JIANG L, GE X, YE J, Yang, N, Li, M, Wang, M, & Han, X. Quality of life of empty-nest elderly in china: A systematic review and meta-analysis[J]. Psychology, Health and Medicine, 2020, 25(2): 131-147.

[8] LAGASSE M H. The empty nest; when children leave home, parents may suffer an identity crisis[J]. New Orleans Magazine, 1984(18): 52.

[9] MA L, GU D. The role of marriage in the life satisfaction and mortality association at older ages: Age and sex differences[J]. Aging & Mental Health, 2022: 1-9.

[10] PENG C, HAYMAN L L. Mutchler, J E, & Burr, J A. Friendship and cognitive functioning among married and widowed chinese older adults[J]. The Journals of Gerontology: Series B,

Psychological Sciences and Social Sciences, 2011, 77(3): 567-576.

[11] RABIEE E, SALEHZADEH M, ASADI S. The role of marital satisfaction and perceived social support on depression of empty and full nest elderly[J]. Social Behavior Research and Health, 2020, 4(1): 461-470.

[12] ROBERTSON D A, KENNY R A. "I'm too old for that" — the association between negative perceptions of aging and disengagement in later life[J]. Personality and Individual Differences, 2016, 100: 114-119.

[13] SU D, WU X, ZHANG Y, LI H, WANG W, ZHANG J, ZHOU L. Depression and social support between China' rural and urban empty-nest elderly[J]. Archives of Gerontology and Geriatrics, 2012, 55(3): 564-569.

[14] WANG Z, SHU D, DONG B, LUO L, HAO Q. Anxiety disorders and its risk factors among the Sichuan empty-nest older adults: A cross-sectional study[J]. Archives of Gerontology and Geriatrics, 2012, 56(2): 298-302.

[15] WEN J, YANG H, ZHANG Q, SHAO J.Understanding the mechanisms underlying the effects of loneliness on vulnerability to fraud among older adults[J]. Journal of Elder Abuse & Neglect, 2022, 34(1): 1-19.

[16] ZHANG C, XUE Y, ZHAO H, ZHENG X, ZHU R, DU Y, ZHENG J, YANG T. Prevalence and related influencing factors of depressive symptoms among empty-nest elderly in Shanxi, china[J]. Journal of Affective Disorders, 2019, 245: 750-756.

[17] 吕仲群，吴伟文 . 认知心理干预在社区老人“空巢综合症”患者中应用 [J]. 现代医院，2012，12(03)：153-154.

[18] 王秘，周郁秋，王丽娜，苏红 . 空巢老人心理健康干预研究进展 [J]. 护理学杂志，2015，30(03)：107-110.

[19] 王一笑 .“时间银行”助老养老模式推行的可行性研究 [J]. 老龄科学研究，2017，5(06)：26-39.

[20] 徐烨，高飞，徐杰，张红，岑爱飞，张林 . 基于老年人受骗案例的社会心理学 [J]. 中国老年学杂志，2016，36(21)：5477-5478.

情感：老年人的爱情同样可贵

[1] ALEA N, BLUCK S. I’ll keep you in mind: The intimacy function of autobiographical memory[J]. Applied Cognitive Psychology, 2007, 21(8), 1091-1111.

[2] HOFFMAN Y, BERGMAN Y S, GROSSMAN E, BODNER E.The link between social anxiety and intimate loneliness is stronger for older adults than for younger adults[J]. Aging and Mental Health, 2020, 25(7), 1-9.

[3] KIM Y，KIM K，BOERNER K，HAN G，Aging together：Self-perceptions of aging and family experiences among Korean baby boomer couples[J]. The Gerontologist，2018，58(6)，1044-1053.

[4] BOWLBY J. The making and breaking of affectional bonds. I. Aetiology and psychopathology in the light of attachment theory. An expanded version of the Fiftieth Maudsley Lecture，delivered before the Royal College of Psychiatrists，19 November 1976. [J]. British Journal of Psychiatry the Journal of Mental Science，1977，130(3)：201.

[5] PAQUETTE V，RAPAPORT M，ST-LOUIS A C，VALLERAND R J. Why are you passionately in love? Attachment styles as determinants of romantic passion and conflict resolution strategies[J]. Motivation and Emotion，2020.44(4)，621-639.

[6] SEDIKIDES C，WILDSCHUT T.Finding meaning in nostalgia[J]. Review of General Psychology，2018，22(1)，48-61.

[7] JARRETT C，WARREN M，YOUNG E，SINGAL J. Attachment style through the lifespan[J]. Psychologist，2019：33(7)，14-16.

[8] COHEN S，JANICKI-DEVERTS D，TURNER R. B，DOYLE W J. Does hugging provide stress-buffering social support? A study of susceptibility to upper respiratory infection and illness[J]. Psychological Science，2015，26(2)，135-147.

[9] ROGERS-JARRELL T, ESWARAN A, MEISNER B A. Extend an embrace: The availability of hugs is an associate of higher self-rated health in later life[J]. Research on Aging, 2021, 43(5-6), 227-236.

[10] GREEN L R, RICHARDSON D S, LAGO T, SCHATTEN-JONES E C. Network correlates of social and emotional loneliness in young and older adults[J]. Personality and Social Psychology Bulletin, 2001, 27(3), 281-288.

[11] PISTOLE, M. C. Attachment in adult romantic relationships: Style of conflict resolution and relationship satisfaction[J].Journal of Social and Personal Relationships, 1989, 6(4), 505–510.

[12] ROBERSON, P. N. E., SHORTER, R. L., WOODS, S., & Priest, J. How health behaviors link romantic relationship dysfunction and physical health across 20 years for middle-aged and older adults[J]. Social Science and Medicine , 2018), 201, 18-26.

[13] SKAŁACKA, GERYMSKI. (2019). Sexual activity and life satisfaction in older adults[J]. Psychogeriatrics, 2019, 19(3), 195-201.

[14] SHAVER, HAZAN. A biased overview of the study of love[J]. Journal of Social and Personal Relationships, 1988, 5(4), 473–501.

[15] SMITH, BARDACH, BARBER, WILLIAMS, RHODUS, PARSONS, JICHA. Associations of future cognitive decline with sexual satisfaction among married older adults[J]. Clinical Gerontologist, 2021, 44(3), 345-353.

[16] STERNBERG. A triangular theory of love[J]. Psychological Review, 1986, 93(2), 119-135.

[17] SUMTER, VALKENBURG, PETER. Perceptions of love across the lifespan: Differences in passion, intimacy, and commitment[J]. International Journal of Behavioral Development, 2013, 37(5), 417-427.

[18] UNGAR, MICHALOWSKI, BAEHRING, PAULY, GERSTORF, ASHE, MADDEN, HOPPMANN. Joint goals in older couples: Associations with goal progress, allostatic load, and relationship satisfaction[J]. Frontiers in Psychology, 2021, 12, 623037-623037.

[19] YOO G, JOO S. Love for a marriage story: The association between love and marital satisfaction in middle adulthood[J]. Journal of Child and Family Studies, 2021: 1-12.

[20] 陈思帆，范雪，张俊蒇 . 父母婚姻关系与子女婚恋心理的主观体验研究 [J]. 电子科技大学学报 (社科版)，2013，15(01)：107-112.

伤残：意外发生后如何面对未来

[1] 毕丽华 . 缺陷心理学初探 [J]. 中国康复医学杂志，1995(2)：90-92.

[2] 伍泽莲，何媛媛，李红 . 灾难给我们的心理留下了什么？——创伤心理的根源及创伤后应激反应的脑机制 [J]. 心理科学进展，2009，17(3)：639-644.

[3] 杨昭宁，杨静，谭旭运 . 聋生安全感、人际信任与心理健康的关系研究 [J]. 中国特殊教育，2012(9)：18-23.

[4] 马洪路 . 残疾者的心理问题探讨 [J]. 中国临床康复，2002，6(17)：2508-2509.

[5] 韩启放 . 心理防御与心理健康 [J]. 中国健康心理学杂志，1994(1)：1-6.

[6] 赵冬梅，申荷永，刘志雅 . 创伤性分离症状及其认知研究 [J]. 心理科学进展，2006，14(6)：895-900.

[7] 董强利，叶兰仙，张玉堂 . 创伤后应激障碍的影响因素及心理危机干预 [J]. 精神医学杂志，2012，25(1)：72-74.

[8] Parry L，O’Kearney R. A comparison of the quality of intrusive memorie in post-traumatic stress disorder and depression[J]. Memory，2014，22(4)：408-425.

[9] 施琪嘉 . 心理创伤记忆的脑机制及其治疗原理 [J]. 神经损伤与功能重建，2010，5(4)：242-245.

[10] 刘继茹 . 阿德勒个体心理学理论的研究 [J]. 社会心理科学，1998(3)：61-63.

[11] 陈建文，王滔 . 关于社会适应的心理机制、结构与功能 [J]. 湖南师范大学教育科学学报，2003，2(4)：90-94.

[12] 郭敏刚，吴雪，陈静 . 残疾人心理健康及其与体育锻炼关系研究 [J]. 北京体育大学学报，2007，30(2)：189-191.

[13] 于海波，张进辅 . 国外关于倾诉效果的研究综述 [J]. 心理科学进展，2000，18(3)：67-72.

[14] 宓忠祥 . 角色转换在残疾人心理康复中的意义和运用 [J]. 中国康复理论与实践，2001，7(1)：34-35.

[15] 李文涛，谢文澜，张林 . 残疾人与正常群体心理生活质量的比较研究 [J]. 中国健康心理学杂志，2012，20(7)：993-995.

[16] 谢文澜，张林 . 残疾群体的污名效应及其社会影响 [J]. 中国健康心理学杂志，2013，21(10)：1531-1533.

[17] 贾书磊，冯琼，方小群，等 . 肢体残疾患者叙事心理康复的应用研究 [J]. 中国康复医学杂志，2017，32(10)：1155-1157.

[18] 成君，王革，郑平，等 . 家庭支持对肢体残疾人抑郁情绪的影响 [J]. 中国心理卫生杂志，1997(5)：311-312.

绝症：应对患上绝症后的情绪变化

[1] American Psychiatric Association. Diagnostic and statistical

manual of mental disorders[M]. 5th ed. Arlington: American Psychiatric Association, 2013.

[2] 付炜，洪立立，刘纯艳，等．心理干预对恶性肿瘤患者及其配偶生活质量影响的研究 [J]. 中华肿瘤防治杂志，2007，14(23): 1770-1774.

[3] 姜琳飞，张会君．综合信息支持对老年癌症患者心理状况的影响 [J]. 护理学杂志，2013，28(2): 83-85.

[4] 李桂兰，陈建华，刘新民．音乐放松训练对癌症放疗患者的心理干预 [J]. 中国健康心理学杂志，2011，19(7): 798-799.

[5] 李丽梅，李赓，吴晓东，等．多学科联合干预治疗模式对晚期癌症患者生活质量的研究 [J]. 中华保健医学杂志，2014，16(3): 174-176.

[6] 刘明辉，陈萌蕾，顾筱莉，等．晚期恶性肿瘤患者心理状况初步分析 [J]. 中国癌症杂志，2014，24(11): 852-856.

[7] 吕聿华，崔忠太．晚期癌症患者 SAS 和 SDS 评分及心理护理 [J]. 齐齐哈尔医学院学报，2009，30(10): 1265-1265.

[8] 倪倩倩，王维利，周利华，等．以夫妻为中心的心理干预在癌症患者中的应用现状 [J]. 中华护理杂志，2015，50(2): 239-242.

[9] 肖惠敏，邝惠容，彭美慈，等．人生回顾对晚期癌症患者生存质量的影响 [J]. 中华护理杂志，2012，47(6): 488-491.

[10] 姚逸临．心理社会因素与恶性肿瘤患者生存质量的研究进展 [J]. 上海中医药大学学报，2006，20(2): 75-78.

[11] 张佳佳，黄喆．综合社会支持对晚期癌症患者心理影响的研究进展 [J]. 上海护理，2011，11(6)：53-57.

[12] 张婷，李惠萍，杨娅娟，等．老年乳腺癌患者掌控感现状的调查分析 [J]. 护理学杂志，2017，32(14)：81-83.

[13] 章毛毛，李惠萍，张婷，等．掌控感在乳腺癌患者社会支持与自我效能的中介作用 [J]. 实用医学杂志，2017(24)：4176-4179.

[14] 钟杏，王建宁．癌症患者心理韧性的研究现状及展望 [J]. 中华护理杂志，2013，48(4)：380-382.

[15] WEST C，BUETTNER P，STEWART L，et al. Resilience in families with a member with chronic pain：a mixed methods study[J]. Journal of Clinical Nursing，2012，21(23-24)：3532-3545.

[16] STEWART D E，YUEN T. A systematic review of resilience in the physically ill[J]. Psychosomatics，2011，52(3)：199-209.

[17] KRALIK D，VAN LOON A M，VISENTIN K. (2006). Resilience in the chronic illness experience[J]. Educational Action Research，2006，14(2)：187-201.

[18] PAKENHAM K I，COX S. The dimensional structure of benefit finding in multiple sclerosis and relations with positive and negative adjustment：a longitudinal study[J]. Psychology and Health，2009，24(4)：373-393.

[19] SYMISTER P，FRIEND R. The influence of social support and

problematic support on optimism and depression in chronic illness: A prospective study evaluating self-esteem as a mediator[J]. Health Psychology, 2003, 22(2): 123-129.

亲人得了绝症：家属该怎么做

[1] 王国荣 . 50 种心理调适与治疗方法 成为自己的心理医生 [M]. 武汉：武汉大学出版社，2011.

[2] 柯瑞妮 · 斯威特 . 发现未知的自己——CBT 改变生活 [M]. 段鑫星，译 . 北京：人民邮电出版社，2012.

[3] BASTAWROUS M. Caregiver burden—a critical discussion[J]. International Journal of Nursing Studies, 2013, 50(3): 431-441.

[4] DRENTEA P, CLAY O J, ROTH D L, et al. Predictors of improvement in social support: Five-year effects of a structured intervention for caregivers of spouses with Alzheimer's disease[J]. Social Science & Medicine, 2006, 63(4): 957-967.

[5] PEREZ-ORDÓÑEZ F, FRÍAS-OSUNA A, ROMERO-RODRÍGUEZ Y, et al. Coping strategies and anxiety in caregivers of palliative cancer patients[J]. European Journal of Cancer Care, 2016, 25(4): 600-607.

[6] GIDEON C A. Social environments of dementia caregivers: Relationships between social support, negative social

interactions, and caregiver emotional distress[M]. Cleveland: Case Western Reserve University, 2007.

[7] GIL WAYNE R N. Caregiver role strain nursing care plan[EB/OL]. (2022-03-19) [2022-06-27].

[8] GIVEN B, WYATT G, GIVEN C, et al. Burden and depression among caregivers of patients with cancer at the end-of-life[J]. Oncology Nursing Forum, 2004, 31(6): 1105-1117.

[9] GRANT J S, ELLIOTT T R, WEAVER M, et al. Social support, social problem-solving abilities, and adjustment of family caregivers of stroke survivors[J]. Archives of Physical Medicine and Rehabilitation, 2006, 87(3): 343-350.

[10] GRBICH C, PARKER D, MADDOCKS I. The emotions and coping strategies of caregivers of family members with a terminal cancer[J]. Journal of Palliative Care, 2001, 17(1): 30-36.

[11] HARRIS J K J, GODFREY H P D, Partridge F M, et al. Caregiver depression following traumatic brain injury (TBI): A consequence of adverse effects on family members?[J]. Brain Injury, 2001, 15(3): 223-238.

[12] NIJBOER C, TEMPELAAR R, TRIEMSTRA M, et al. The role of social and psychologic resources in caregiving of cancer patients[J]. Cancer, 2001, 91(5): 1029-1039.

[13] RODAKOWSKI J, SKIDMORE E R, ROGERS J C, et al. Role

of social support in predicting caregiver burden[J]. Archives of Physical Medicine & Rehabilitation, 2012, 93(12): 2229-2236.

[14] STENBERG U, RULAND C M, MIASKOWSKI C. Review of the literature on the effects of caring for a patient with cancer[J]. Psycho-Oncology, 2010, 19(10): 1013-1025.